A SELEÇÃO NATURAL

UMA GUERRA PERDIDA

A Seleção Natural

Parte 1.............

Não existe paz sem guerra,
Mas, existe uma guerra que não pode ser vencida...

A seleção natural.

CAPÍTULO I

Dia 16 de junho de 2030 – Brasil

Janiê ao sentir as dores do parto sente que sua bolsa estourou e percebe o líquido entre suas pernas escorrer, com o celular nas mãos liga rapidamente para a emergência e uma voz robótica atende a chamada.

- Alô!

- Qual é sua emergência?

- Minha bolsa estourou, estou grávida!

- Calma senhora! Me passe seu endereço para que eu possa informar a ambulância para ir para sua residência.

Janiê sem entender, lembra-se que o parto não está na hora e em seus pensamentos. - Mas estou com apenas sete meses?

Ao longe se ouviu o rugir da sirene da ambulância.

Ao chegar no hospital sendo levada diretamente para a sala de cirurgia, a enfermeira faz as perguntas de praste: - Seu nome completo? Sabe dizer de quantas semanas está? Idade? Nacionalidade? Tem alergia a algum medicamento? Tem pressão alta? Nome do companheiro? Número de telefone para podermos avisar? Nome de pai? Nome de mãe?

Ao chegar na sala de cirurgia, o médico observa o líquido amniótico, que ao tocá-lo percebe uma coloração um pouco mais escura do que o normal e diz para a auxiliar. - Leve um pouco do líquido para o laboratório.

A enfermeira de pronto atende e colhe um pouco do material colocando-o em um frasco apropriado e põe a tarjeta identificando-o:

Nome: Janiê

Dia: 16 de junho de 2030.

Horas: 19h25m.

Produto: líquido amniótico.

Médico responsável: Lucas Melito.

Responsável pelo registro: Enfermeira Carla Cibele.

- Calma mamãe! Preciso de sua ajuda! Faça força! Estamos quase lá!

Com suor pelo rosto e com a expressão de dor, Janiê fazia força para que seu filho viesse ao mundo. Uma das enfermeiras segurava suas mãos e outra acompanhava o doutor, aguardando com uma toalha a chegada da nova vida, que em breve estaria com eles naquela sala.

- Calma! Devagar! Já vejo a cabeça! Pronto, está chegando! Pronto. Dizia o médico com emoção. Ajude-me a segurá-lo! Com delicadeza cortou o cordão umbilical, retirou um pedaço e entregou a um dos componentes de sua equipe e disse: - Para o laboratório.

Continuando, realizou os testes de praste. Colocou-o em uma balança e a auxiliar registrou o peso falando em voz alta: - Quatro quilos e quinhentos e cinquenta gramas.

O outro técnico escrevia em uma prancheta observando atentamente os equipamentos e registrando tudo, inclusive o peso relatado pela outra técnica.

O médico continua com sua análise e sai relatando:

- Olhos: Normais;

- Ouvidos: Normais;

- Narinas: Normais;

- Peso: Normal;

- Hora do nascimento: 20h47m;
- Tamanho do crânio: Normal;
- Pés: Normais;
- Mãos: Normais;
- Cor? O médico parou por uns instantes e ficou observando e pensando.

A técnica observava que o médico demorou mais do que o normal para identificar a cor e disse: - Preta.

O médico observou com um olhar de estranheza, mas se contentou com a resposta e disse: - Preta.

- Choro? A criança demorou um pouco para responder e o médico estimulou com uma palmada simples e por alguns segundos, que pareciam uma eternidade, veio o choro estrondoso, a técnica que observava a distância, abriu um sorriso e pensou: - Mais uma vida chega para alegrar uma família.

O médico ao entregar a criança para a técnica com um lençol estende as mãos e diz: - Parabéns mamãe! É um menino e completa: - Sexo: masculino.

A técnica, limpa a criança e leva até a mamãe, porém estava desacordada, ambos são encaminhados para suas salas, a criança para o berçário e a mamãe Janiê para o quarto.

***

- Olá mamãe! Adentrou a enfermeira no quarto chamando: - Janiê. Hora de amamentar. Disse sorridente com a criança no colo.

Janiê se levanta com um pouco de dificuldade, apoiando suas costas na cabeceira da cama do hospital pronta para receber seu filho, olha com espanto e diz: - Desculpe, mas acho que errou o meu filho, olhe bem para minha cor e eu não tive um filho afrodescendente.

- Mas está escrito aqui na pulseira? A enfermeira com um olhar de dúvida no rosto e lê em voz alta o nome.

Nome: Janiê Jansen de Alencar.

Entrada: 19h25m.

Nascimento: 16 de junho de 2030 às 20h47m.

Quarto: 234.

- Não é a senhora?

Janiê espantada diz: - Sim sou eu! Mas este não é meu filho.

Antes de encerrar sua fala seu marido entra dizendo: - Tudo bem?

Ao olhar para o pai, a enfermeira se espanta e vê o pai de olhos azuis, cor de pele branca, meio avermelhada e tamanho robusto, aparentando uns 38 anos e volta seu olhar para a mãe, que deveria ter uma altura de um metro e sessenta e quatro ou sessenta e oito com olhos verdes e cor de pele branca e volta seu olhar para a criança afrodescendente e em seus pensamentos: - Ó meu Deus? Tem algo errado ou os técnicos erraram a etiqueta ou (...)

- Desculpe! Disse a enfermeira, retirando-se rapidamente do quarto com a criança no colo e desconfiada. Sai de fininho antes que o pai pudesse ver a criança.

- Oi amor! Deixei para vir logo cedo, pois cheguei tão cansado do trabalho que não conseguiria chegar aqui, pois, com certeza, dormiria no trajeto e não conseguiria chegar. E o que houve? Por que a enfermeira não deixou eu ver a criança? Ela nasceu bem? Por que você está com essa cara de espanto?

- Meu amor! Não sei o que aconteceu, mas a enfermeira trouxe uma criança afrodescendente! Meu Deus! Será que fomos vítimas de troca de crianças?

- Não acredito, Amor? Mas, este hospital é tão conceituado? O plano de saúde cobre, inclusive, a internação! Vou ver com a equipe, com certeza alguma coisa aconteceu.

Hans deixa o quarto, dá um beijo na testa de sua esposa e sai dizendo: - Não se preocupe, volte a dormir, não vá se estressar com isso, pode deixar que resolvo.

Ao sair e fechar a porta ele esbarra com o médico, que fazia menção em entrar no quarto e pergunta: - Desculpe! O senhor é o pai?

Jansen desconfiado responde: - Sim sou? Por quê?

O médico estendendo sua mão para cumprimentá-lo e ao sentir sua mão diz: - Pode me acompanhar senhor? Aguardando a resposta do nome.

- Jansen! Hans Jansen, pode me chamar de Jansen.

- Sou o Doutor Lucas Melito, que fez o parto de sua esposa. Me acompanhe, senhor Jansen! Precisamos conversar. Ainda segurando em sua mão.

Jansen, sem entender o que estava acontecendo, fez menção de entrar no assunto do filho afrodescendente que fora apresentado a sua esposa, mas calou-se e decidiu acompanhar o médico.

- Sente-se! Disse o médico meio constrangido. Senhor Hans, preciso fazer algumas perguntas.

Jansen, ainda desconfiado, observava o que o médico tinha a falar, pensando que neste momento o médico pediria desculpas pelo equívoco que a enfermeira tinha feito apresentando uma criança afrodescendente a um casal de pessoas de pele clara. Não quis entrar no assunto, porém aguardou para ouvir o que o médico tinha a dizer.

- Senhor Hans! Quero em primeiro momento, parabenizar-lhe pelo filho. É o primeiro?

- Sim! Respondeu de forma automática.

- E o senhor é natural de onde, senhor Jansen?

- Eu nasci na Alemanha, mas vim para o Brasil muito jovem, deveria ter uns oito ou nove anos de idade.

O Médico olhou espantado para Jansen, porém não deixou transparecer o espanto, porém, por mais que se esforçasse, foi perceptível o levantar da sobrancelha.

Lucas Melito, ao abaixar sua cabeça, para tentar disfarçar o espanto, pega sua caneta e começa a escrever na ficha da esposa de Jansen. Devido ao espanto, resolve especular sobre a vida da esposa.

- Dona Janiê foi sua primeira esposa ou o senhor já foi casado?

- Janiê? Sim! Minha primeira esposa. Com um olhar de intriga ele questiona: - Mas doutor, algum problema? Tem a ver com o erro da enfermeira? Não vai me dizer que erraram o meu filho e deram para outros pais? O senhor vai ver! Se perderam meu filho! Começando a exaltar sua voz.

- Calma senhor Jansen! Não é isso, tenha calma. Quero lhe fazer umas perguntas antes, para tirar algumas dúvidas, não precisa ficar nervoso, seu filho está bem e nasceu normal e forte, porém precisamos tirar algumas dúvidas. Tudo bem?

- Não, não está tudo bem! Primeiro apresentam uma criança afrodescendente para um casal de pessoas de cor branca! Como podem, isso é muita irresponsabilidade. Depois me chama para um consultório? Tem algo de errado!

- Calma! O senhor precisa se acalmar para podermos conversar! Pode se acalmar, por favor?

- Tudo bem! Mas se tiverem perdido meu filho, vocês verão o que eu vou fazer.

- Certo! Conte-me mais sobre sua esposa! Ela nasceu onde?

- Mas Doutor! O que isso tem a ver com meu filho? Jansen já aos berros.

- Calma! Senhor Jansen e se o senhor não se acalmar terei que chamar os seguranças.

- Porra de calma seu filho da puta, agora vai me dizer que perderam a criança e estão me dando outra em troca, seus canalhas?

- Calma senhor Jansen? Enquanto falava estas palavras o doutor pegou seu celular e digitou as palavras: "*atenção! Pai irado em meu consultório, traga mais dois seguranças com você, precisamos acalmá-lo*"

Jansen aos berros se levanta da cadeira e vê os seguranças entrando e agarrando-o pelos braços e sendo imobilizado por um dos seguranças e os outros dois, pareciam que haviam ensaiado, enquanto um pegava pelos dois braços, os outros dois, cada um pegou a barra das calças e suspenderam o senhor Jansen nos ares, mesmo esperneando e lutando, não conseguiu se desvencilhar e foi levado para fora do consultório e levado até a recepção do hospital. Foi colocado para fora.

Lucas disse: - Enquanto o senhor não se acalmar não poderá entrar no hospital.

- Eu estou pagando, é dessa forma que vocês tratam seus clientes? Seus filhos da puta. Mas vocês vão ver. Ao olhar enfurecido aos dois seguranças, já solto, olha para eles e diz: - Vocês vão ver.

CAPÍTULO II

Dia 16 de Junho 2030 – Fronteira entre a Suécia e Finlândia

Em meio ao tiroteio, sargento Alan corre em disparada pelas casas em ruína e diz em seu rádio: - Alfa. Segundo. Segundo. Comando, estamos sob forte ataque de fogo, solicito apoio aéreo.

Aos chiados ele ouve a resposta: - OK! Alfa. Segundo. Segundo. Informe sua localização!

- Sexto, sétimo, ponto, quarto, primeiro dobrado, quinto, oitavo. Segundo, terceiro, ponto, quinto primeiro triplicado, negativo.

O rádio ficou em silêncio por um minuto, o que mais parecia uma eternidade, enquanto as rajadas de metralhadoras rugiam nas paredes das casas.

- Droga! Esses caras pensam que estamos brincando? Mande logo a porra do suporte aéreo, droga!

O rádio aparece com chiados e em um som inaudível ele compreende parte da mensagem: "- *Negativo, Negativo". Sinal de bo....xxxxx.....aten...xxxxxxx.....ate....."*

- Comando? Comando? Retransmita! Sinal entrecortado, retransmita!

O rádio operou por alguns segundos e parece que ficou totalmente mudo, como se estivesse desligado. Ele pegou o rádio e esbravejou: - Droga de rádio dos infernos, desta forma morreremos, mas não vou desistir e apontou o seu fuzil e observou, percebendo que os tiros haviam cessado. Olhou bem para as tropas inimigas e percebeu que eles olhavam para o horizonte, parecia que observavam algo e ele olhou na direção em que olhavam e viu um clarão de cor meio amarelada e vermelha. Ao olhar para as tropas percebeu que todos jogavam suas armas para o chão e saíram em disparada em direção contrária ao clarão, subindo em seus veículos e acelerando. Ao observar mais atentamente é surpreendido por uma enorme corrente de ar quente acompanhado de um tremendo estrondo. E em sua mente, mais que depressa, soma o clarão com o som: - "Meu Deus! Uma bomba nuclear".

***

Dia 16 de Junho 2030 – Brasil

Do outro lado do mundo, no Brasil, uma televisão rugia a informação: - Urgente. Uma bomba nuclear foi lançada na cidade da Suécia, os Russos não lograram êxito na invasão, contudo a resposta foi um lançamento de uma bomba nuclear, que dizimou metade das tropas e o campo de apoio às nações, contra a invasão russa. Com isso, aqui nos estúdios, estamos com um especialista, João Maravilha, que fará os comentários sobre o alcance da explosão.

- Boa noite! Pela captação das imagens pode ter sido uma bomba maior que a de Hiroshima e Nagasaki, com o poder de destruição maior do que aquelas daquela época, como a que foi lançada na África em 2027. Seu resultado é, e será a destruição em massa daquela sociedade, sem contar, é claro, a perda da vida de todos os soldados e pessoas que moravam e estavam naquele país e os que vão morrer, pois os efeitos radioativos se espalham por todo o planeta, com efeitos ainda não calculados, pois após o último confronto que houve na África, aquele país não foi mais o mesmo e os continentes vizinhos sofrem com os efeitos que estas bombas causam, tanto na natureza quanto em nós seres humanos (...)

- Meu Deus! Outra bomba nuclear! Que tristeza! Nossos soldados que foram para lá, será que estavam no alcance da bomba? Questionava dona Maria com seus setenta anos ao ver o noticiário das 20h.

Ali perto, jovens com seus celulares, sentados na calçada, assistiam em um silêncio atônito, as imagens de satélite do tamanho da explosão.

Após terminarem de ver, um deles diz: - Quem ficar, está casado com um sapo! Está contigo. Dando um toque no amigo e correndo em seguida e os outros acompanharam a brincadeira.

***

Na fronteira da Suécia com a Finlândia

Em meio aos destroços da bomba o sargento Alan, se levanta em meio aos escombros da residência em que estava abrigado. Olhando em volta não encontrou nem seus companheiros de farda e nem os inimigos, parecem que sumiram como mágica e ao olhar para os lados percebe que algumas casas ficaram de pé e outras estavam totalmente caídas.

Ao tentar se localizar e verificar ao seu redor o que realmente havia acontecido, pega seu rádio e tenta comunicação, contudo, o rádio parecia totalmente inoperante.

Ao sair dos escombros começa a caminhar para ver se encontra alguns de seu pelotão, ao longe vê alguns corpos, porém, nenhum com vida e em seus pensamentos: - Droga, onde estão todos do meu pelotão? Será que todos morreram? Não vejo os Russos? Devem ter recuado! E agora, uma bomba desta magnitude? E os sinais de radiação como devem estar? Nestas horas me faz falta às aulas de física? Droga, será que tem alguém vivo?

- Sargento Alan! Sargento Alan! Aqui! Rompe uma voz ao longe. Sargento? Aqui às 15h? Aqui.

Ao longe ele viu os componentes de seu pelotão ou, pelo menos, uma parte.

Capitão! E ai! Como todos estão? Como estava com o rádio, solicitei apoio aéreo, contudo o rádio morreu.

- Não sei se percebeu sargento? Mas, a Rússia mandou uma bomba atômica que, acredito que destruiu quase toda a Suécia, estamos ilhados aqui na fronteira entre a Suécia e a Finlândia, nas proximidades de Muônio. Pelo visto, aqui no mapa, como o vento empurrou e chegou até aqui, acredito que seu ponto de impacto pode ter sido nas coordenadas próximas de Kiruna.

O capitão desenhou mais ou menos uma circunferência no mapa, para ter uma ideia de rota de fuga, para pedir apoio. Pensando assim, sugere duas rotas, pelo Golfo de Bótnia ou em direção ao mar da Noruega, porém a corrente das águas caminham em direção ao golfo.

O Sargento Caixeta diz: - Capitão, é muito longe, são dias a pé. Não sabemos o tamanho da área em que a bomba alcançou. Pelo Golfo podemos dar de frente com as tropas Russas. Pois o Golfo é rota comercial e com esta bomba, podem ter todos fugido para lá.

O Capitão Róbinson concorda com o sargento e junta todos vivos e faz uma ligeira contagem: - Somos quantos?

O sargento Alan sugere uma contagem: - Cabo Souza, conte o efetivo e traga quantos somos.

O Sargento Caixeta, diz: - Calma aí! Vamos primeiro encontrar um lugar maior e reagrupar, acredito que aqui próximo devem haver tropas aliadas, tentando ainda se reagrupar. Vamos nos organizar e ver uma linha de ação. Tenho uma sugestão, podemos mandar alguns soldados para verificar o perímetro e ver se encontra algum rádio funcionando.

O sargento Mateus, interrompe e diz: - Tem razão Caixeta! Eu, Soldado Carneiro, Soldado Lucas e o Soldado Lima, vamos observar o perímetro para ver se encontramos algo.

O capitão diz: - Concordo! Podem ir! Eu e o restante da tropa, vamos contar o equipamento e a contagem de quantos somos, para saber o que temos e a nossa provisão. Por quantos dias podemos suportar.

Ao se organizarem, contarem a munição, seguem os quatro em campo para verificar se conseguem transporte, mantimentos e algum lugar que possa ter um rádio ou outra forma de comunicação.

***

Dia 16 de Junho de 2030 – Fronteira entre a Suécia e Finlândia

Na caminhada, o soldado Lucas faz um apontamento dizendo: - Sargento! Ali naquela casa, acredito que possa haver sobreviventes ou (…)

- Sim! Vamos até lá! Cuidado!

Arrombaram a porta com as técnicas de entrada: - "Limpo", outra voz: "- Limpo". Ao chegarem na cozinha da casa, encontraram um casal com os rostos sobre a mesa, ambos com tiros na cabeça. Subiram as escadas e vasculharam os cômodos e confirmaram a casa totalmente vazia. Vasculharam os armários e removeram os corpos, levando-os para o quintal da casa e jogando os corpos perto de um jardim que enfeitava os fundos da casa.

- Estas comidas enlatadas podem vir a calhar, podemos reunir a tropa nesta casa, uma vez que tem mais de um quarto e a sala é bem ampla. De repente o som de uma descarga rompe.

- Temos água e banheiro, pelo visto são dois, um no andar de cima e outro aqui embaixo. Fora a Suíte em outro quarto. Fala o soldado Lucas pressionando a descarga e abrindo a porta do banheiro.

Soldado Lima questiona: - Como pode? Este casal deveria ter mais filhos, pois não acredito que moram sozinhos em uma casa deste tamanho.

Soldado Carneiro diz: - Ok! Vou verificar se a casa tem porão. Andando em volta da casa observa se existem corpos espalhados em volta e observa se a casa possui alguma entrada secreta para acesso a um porão. Obtendo sempre a negativa, com isso volta à entrada e comunica aos colegas que a casa não tem porão.

- Sargento, respondendo suas perguntas. Disse o Soldado Lima. Eu vasculhei os armários e guardas roupas, pelo visto, se havia outras pessoas nesta casa, foram embora, pois as malas e outros objetos menores não estão mais aqui. Acredito que fugiram antes da guerra.

O Sargento Caixeta disse: - Ok! Local encontrado, poderemos nos alojar aqui, vamos chamar os outros.

***

Cabo Souza apresenta ao Sargento. - Somos 15, somados com os quatro que foram em busca de um novo local.

Muito bem, Cabo. O que temos de munição e mantimentos?

O sargento Alan responde: - Temos quatro caixas de munição para os fuzis. Somando por volta de quatro mil cartuchos. Cinquenta granadas. Um lança rojão e vinte rojões.

- Então vamos nos preparar para sair, vamos tentar levar todo este material.

Antes do Capitão terminar de falar o Soldado Lucas entra em casa e fala: - Encontramos capitão! Uma casa em boas condições para nos alojarmos.

Após todos estarem alojados na casa, separam seus quartos de hora para a vigilância. Neste ínterim, traçam rotas, para poder sair logo cedo daquela região. Não encontramos rádio, para uma comunicação. Estamos ilhados. Diz o capitão desolado. - Droga! Não queria! Mas, pelo visto, teremos que seguir o curso do rio, poderá ser muito arriscado. Mas, não vejo outra saída.

O Sargento Alan, olhando para o horizonte, sem resposta apenas observa as árvores ao redor, enquanto ouvia o capitão Róbinson.

***

- Atenção! Impunha o Sargento Caixeta. - Vamos suas maricas. Precisamos nos reunir para nossa saída.

O Soldado Lucas observava em redor e pensava: - Parece mágica! Os Russos desapareceram. Não se vê um sequer, a não ser este monte de corpos fétidos espalhados pela rodovia.

- Atenção a todos, pensamos em uma forma de sairmos daqui, uma vez que não temos transporte e este material para carregar. Estamos em um efetivo de 15 militares, somos metade de um pelotão. Vamos margear o rio até chegarmos ao Golfo. Solicito a atenção de todos para não encontrarmos tropas russas, pelo mapa e o meu GPS estamos próximos a um provável ponto de apoio das tropas aliadas. Espero encontrar, as tropas da Flórida, após a separação dos Estados Unidos, não temos mecanização suficiente para lutar contra os Russos. Que Deus nos ajude! Disse o capitão inconformado. Cabo João Cândido! Você é nosso intérprete oficial. Continuava o capitão: - Linha de frente, são os mesmos: Sargento Mateus, Sargento Caixeta, Soldado Lucas, Soldado Lima e Soldado Carneiro. Na retaguarda: Cabo Antônio, Cabo Lacerda, Soldado Neres. Ao meio: Eu, Sargento Alan, Cabo Souza e Cabo João Cândido. Transporte: Soldado Lozado, Soldado Da Silva e Soldado Pádua. Terminava o Capitão Róbinson na separação de sua pequena tropa. Vamos em direção a Parkalombolo, pelo meu GPS, aponta que lá está uma estação de apoio das tropas aliadas. Seguiremos a rota até Muonionalusta e veremos se encontramos um transporte.

Em direção a Muniovaara seguindo as margens do rio a tropa avista o posto de gasolina, o Soldado Carneiro em um arbusto observa o posto e não vê nenhum tipo de movimentação, carros parados e abandonados. Não observou tropas Russas. - Sargento! Podemos seguir em frente.

- Verifique o perímetro. Disse o sargento Caixeta. Dois em uma direção e nós três em outra.

Chegando na porta, verificam que não existe ninguém no interior da loja. Fazem a entrada e veem muitas prateleiras vazias outras coisas jogadas ao chão, um corpo fétido entre as prateleiras e alguns mantimentos, colhem o que podem e saem de forma natural levando consigo alguns enlatados para encontrar com o restante da tropa escondida no interior da floresta.

O Sargento Mateus fala ao capitão e ao restante da tropa: - Trouxemos o que pudemos, no posto de gasolina não tem tanta novidade, está abandonado e se havia alguém, foram mortos ou capturados, mas como deve ter acontecido na maioria das cidades, todos fugiram.

- Onde será que estão os malditos Russos, pois antes da bomba estavam todos atirando sem pena alguma. Tem algo errado. Assim disse o Soldado Pádua.

Nas proximidades da cidade de Manionalusta observaram carros militares, já no final da tarde, em que se preparam para montar acampamento na floresta, o sargento Caixeta e o soldado Lucas observavam se havia movimento.

- Infelizmente sargento, não dá para ver movimento a esta distância.

- Bem observado Lucas. Vamos chamar os outros para nos aproximarmos mais.

Ao chegarem mais próximo dos carros blindados russos, observam a movimentação.

- Ali, dentro do carro, veja. Fala o soldado Lima.

- Sim estou vendo. Responde o sargento Mateus. Caixeta! Consegue ver quantos são?

- É um comboio de cinco carros, pelo que observo, são guarnições a três. Alguns estão fechados demais e está escurecendo. Mas acredito que devam ser por volta de 15 a 20 militares.

- Será que damos conta? Disse o soldado Pádua apreensivo.

- Não se preocupe, logo, logo, estará muito escuro e poderemos atacar sem sermos percebidos. Disse o sargento Caixeta.

A A22 estava a quinhentos metros embreada na floresta e sussurrando entre eles e chega o soldado Carneiro: - Senhores! Encontramos uma tropa russa. Estão em 05 carros, devem ser por volta de 15 a 20 soldados. Temos que conseguir tomar os veículos.

- Tomar? Disse o soldado Lozado. Isso é roubo mesmo.

- Não é roubo é sobrevivência e fale baixo, senão eles poderão nos ouvir e vir em nossa direção.

- Mostre a posição deles Carneiro. Disse o capitão apontando ao chão para que desenhasse.

O soldado Da Silva interrompeu e disse: - Capitão, podemos fazer como já fiz com alguns colegas quando era adolescente.

***

Dia 19 de junho de 2030 – Suécia

A noite estava sem lua e a escuridão tomava conta, vendo somente ao longe as luzes de algumas lanternas e as do interior dos veículos. Os faróis dos blindados estavam apagados.

A frente das tropas inimigas, o soldado Da Silva e o soldado Lozado embreados na floresta jogam granada um pouco mais a frente das tropas inimigas, fazendo com que os soldados começassem a atirar.

O motorista do primeiro carro corre para o lado do condutor para acender os faróis e verificar o que estava acontecendo, sendo acompanhado dos demais carros blindados, todos acenderam as luzes e perceberam mais duas explosões de granadas logo a frente e um dos soldados russos começaram a atirar na direção das granadas.

O último e o penúltimo veículo, os soldados não desceram, momento em que o cabo Antônio chega vagarosamente próximo ao último veículo e coloca uma granada dentro do carro blindado, devido os soldados no interior ter deixado uma brecha com a porta entreaberta, um movimento arriscado, porém com êxito, no entanto o cabo Antônio foi lançado a distância e sem vida. O boom foi tamanho que despertou os outros militares que olhavam todos na direção das primeiras granadas lançadas, o veículo logo a frente não teve seus passageiros desembarcados.

Em um ataque coordenado todos atiram juntos, porém de várias direções. Sargento Mateus, soldado Pádua, soldado Souza atiraram do flanco direito, Lucas, Caixeta e Lima do flanco esquerdo, Lozado e Da Silva de frente e Lacerda e Carneiro logo atrás de Caixeta e Lima. O capitão, Cândido e Alan, vinham pela retaguarda atirando diretamente no segundo veículo, logo após ao que teve uma granada em seu interior.

O soldado Da Silva acerta todos os ocupantes do primeiro veículo, dos quais todos estavam do lado de fora, a contar de sua direção, uma vez que estava na linha da frente. Porém é alvejado por duas vezes de forma letal. Lozado concentra seus disparos na direção do motorista do segundo blindado, em que teve seus ocupantes alvejados devido estarem desembarcados, o mesmo aconteceu com os ocupantes do terceiro. Contudo, o quarto veículo que levava uma saraivada de disparos e sendo alvo diretamente do Róbinson, Cândido e Alan, porém, por ser um carro blindado resistia aos disparos, obrigando ao Cândido a lançar uma granada em direção ao veículo, porém sem êxito. Em uma manobra desesperada o condutor consegue se desvencilhar do tiroteio e sai em disparada, mesmo sem conseguir ver muita coisa, consegue fugir em direção ao corpo do soldado Da Silva e desaparece na escuridão.

Após o confronto, começam a comemorar a vitória para conseguir os veículos e o soldado Lozado diz com desdém: - Acho que este não poderemos usar, pois alguém conseguiu destruir o interior deste carro.

- Ao final das contas, temos 03 carros. Dizia o sargento Caixeta.

- Vamos a contagem, falta alguém? Questionou o sargento Alan.

- Sim falta! Dizia o soldado Lozado: - Perdemos o Da Silva. Apontando em direção ao corpo.

Uma lástima! Carneiro, Lacerda. Vamos recolher o corpo e vamos enterrá-lo. O restante, vamos nos organizar e recolher o material e seguir em frente, pois nossa localização logo será encontrada.

- O cabo Antônio também não conseguiu. Dizia o Capitão.

***

Dia 25 de Junho de 2030 – Suécia

Todos apertados nos carros seguiam viagem e pararam com os carros embreados entre as árvores para dormir, pois o confronto os deixou cansados. O capitão estava acordado e pensando nos dois que perdeu no confronto e pensando, nos efeitos da radiação e como arrumaria uma forma mais fácil de sair daquele país e voltar para casa, pois possuía pessoas que o esperava.

Antes de chegar a Manionalusta o Capitão Róbinson, solicita a parada dos blindados e ele ordena aos soldados Lacerda e Neres para espreitar a cidade e verificar se o ponto de apoio ainda existia.

Ao chegarem, viram o carro blindado destruído, o mesmo que havia fugido do cerco do qual eles fizeram, observaram alguns militares andando e dois helicópteros pousados e perceberam que o uniforme era o mesmo que eles usavam, então concluíram e falaram juntos: - São os aliados.

Quando terminaram de falar, foram abordados de surpresa pelo sentinela que perguntou em inglês: - *Identify? Who are you?*

O Soldado Neres tenta um inglês meio enrolado: - *Support! Brazilian troops!*

Brazilian troops? OK! Come with me. Disse o soldado. Com a insígnia no ombro esquerdo *INDEPENDENT FLORIDA TROOPS*.

Eles perceberam o movimento do soldado com seu fuzil apontando em direção ao centro montado pertencente às Tropas Independente da Flórida e são recepcionados por outros soldados. Eles ainda com as mãos para cima, agindo como se fossem prisioneiros.

- *Sir! These soldiers are from the Brazilian support troops. I found them in the forest spying, as they said they were from the Brazilian troops. I brought them in for investigation.*

- Ok. Disse um sujeito com várias insígnias nos ombros. Neres e Lacerda se entreolharam, porém Neres disse de forma inaudível, deve ser um pica grossa esse cara aí, pois com este montão de insígnias no ombro, acho até que está pesado de tanta estrela, Lacerda levantou a sobrancelha e pensou: - Agora eu vi que este cara é maluco mesmo, pois estamos a beira da morte e ele ainda faz piada.

- Olá Senhores! Sou o comandante deste destacamento, podem se identificar e me dizer como chegaram aqui e a qual unidade pertencem? Relaxem, pois estão em casa.

- Sim senhor comandante! Impôs a voz, o soldado Lacerda. Comando, somos a unidade A22 e estávamos defendendo a fronteira na cidade de Muônio quando fomos surpreendidos por uma grande explosão e vimos as tropas russas bater em retirada, nos reagrupamos e decidimos sair da fronteira e encontrar apoio. Viemos margeando o rio e fizemos uma emboscada aos russos em seus blindados antes de chegar aqui, como vi, os senhores pulverizaram os sobreviventes que conseguiram escapar de nossa emboscada.

- Ok! Só vocês dois?

- Não senhor! Interrompe o soldado Neres. Éramos 15, infelizmente perdemos dois dos nossos, mas estamos em carros russos, pois precisávamos de transporte, se me permite, solicito apoio para irmos de encontro a eles.

- *Lieutenant Brian, Sergent Michel, Sergent Johnny come over here. Accompany these two Brazilian soldiers to the place where the soldiers are camped and bring them home.* Eles vão acompanhar os senhores e os trarão em segurança para casa.

- Sim Senhor! Obrigado, disse o soldado Lacerda.

- *Yes sir! Let's go to the armored. Accompany me. Sorry!* Venham comigo. Disse o tenente Brian.

Ao longe se via os blindados russos beirando a estrada e o soldado Lacerda dizendo: - *My troop*.

- Conseguimos! Disse Lacerda. Este é o Tenente Brian.

O cabo João Cândido veio ao encontro e disse: - *Hello commander*! Prestando continência e apresenta o Capitão: - *This is captain Robinson.* Eles prestam continência em sequência e apertam suas mãos e seguem para o acampamento.

O comandante apresenta ao capitão como estão as tropas e informa que estão abandonando os campos: - Após a queda do bloco e o lançamento da bomba nuclear na Suécia, foram ordenados em deixar o país e ceder a Rússia o avanço nas cidades, em 6h os helicópteros virão buscar nossas tropas para deixarmos o país. E informou: - A maioria das tropas foram recolhidas e equipamentos estão sendo direcionados ao mar da Noruega, o acordo está firmado, poderemos sair do país sem sermos atacados, o mesmo está sendo feito aos que querem sair do país. No tratado de paz, a Noruega já se entregou à Rússia. Nesse sentido, em algumas horas as tropas voltaram às suas cidades. Fique feliz capitão, voltaremos para casa.

O capitão meio atônito, volta e fala com seus compatriotas, dos quais não conseguiram esconder a felicidade de voltar para casa.

***

O Sargento Alan, ao compor um grupo de reconhecimento, verificando o perímetro, resolve entrar no caminho para uma casa, acreditando ser uma fazenda. Se dirigindo até a casa, que aparentava estar destruída.

Entrando, vai olhando as lembranças daquela família, com fotos empoeiradas nas prateleiras, uma arma pendurada na parede, uma lareira. Indo mais a frente, encontra um corpo, que parecia de uma mulher. Com a ponta do coturno empurra o corpo que cai um pouco de lado e vê uma criança negra embaixo do corpo. E fica intrigado! Mas ouve uma voz: - Bora sargento! Foi dar uma cagada? Bora moço. Vamos embora, senão ficaremos neste país, quero voltar para casa.

- Calma! Encontrei uma coisa. Se ajoelha e olha bem para a criança e toca em seu pescoço para ver se ainda havia vida. Tira suas luvas e toca na jugular e sente sinal de vida. E fica impressionado. Ele olha novamente para ver a cor da criança e percebe que tem algo de errado naquela cor. Ele a pega e alguns lençóis para enrolá-la e diz: - Vamos rápido, esta criança ainda está com vida.

- O militar que os acompanhava dizia, está maluco? Como está com vida? Faz dias que estamos aqui e esta criança deve estar a dias com fome? Como pode? Acho que você está com saudades de casa e imaginou que ela está viva.

Ele olhando para a criança percebe um leve movimento e completa: - Meu Deus? Como pode? Vamos rápido.

***

Chegando ao acampamento o médico foi chamado aos gritos e ao ver a criança questiona: - *What is it?*

- *Is a child who is still alive.* Disse o sargento Alan.

E de longe ouvia-se o som dos helicópteros chegando. O médico verifica os sinais vitais e pega a criança e leva até o consultório médico improvisado e começa os tratamentos para confirmar se havia vida naquele ser. Mas ele impressionado observava aquela cor, pois não era preto, nem negro, mais parecia um azul bem escuro, não conseguia entender e observava lentamente cada membro. Os pés, as mãos, massageava o estômago, os olhos, as narinas, a boca, o crânio, mas mesmo assim não conseguia definir a cor, aplica o oxigênio e oferece algum tipo de alimento e a criança sugere uma sucção e percebe que ali ainda existia vida, sendo uma criança do sexo masculino e faz o procedimento para aplicação de soro e injeta alguns suplementos na embalagem do soro.

O médico vai até ao comandante do acampamento e pede um particular com ele e o leva para a tenda médica.

Durante o embarque, os militares são divididos para começarem a retirada das tropas, vários helicópteros estão reunidos e sem parar seu funcionamento as tropas são embarcadas lentamente.

O médico vai ao encontro do sargento Alan e diz: - Olá, sargento! Aquela criança está viva, pode me dizer a raça da mãe?

- Era uma mulher branca que estava morta. Ao tocar nela, ela apenas virou-se e eu vi a criança. Conseguiu definir aquela cor? Ela está bem?

- Sim! Está bem! Sobreviverá! O comandante me orientou a levarmos ela para a Flórida para podermos oferecer um bom tratamento, está aqui meu número de telefone, se o senhor concordar, cuidaremos bem dela.

- Sim! Não tenho objeção! Pois no Brasil, além de não sermos tão evoluídos, acredito que as forças armadas brasileiras não olharia com bons olhos um militar chegando com uma criança nos braços. Vamos para casa. Terminando o assunto e se dirigindo ao helicóptero.

CAPÍTULO III

Dia 25 de Junho de 2030

No aeroporto de Derby Field em Nevada, no meio do campo desértico, pessoas desembarcam de um jatinho particular. Uma perua elétrica preta os aguardava.

- Vou lhe mostrar o local. Dizia o motorista de óculos escuros e aparência rude, continuando a conversa ele diz: - Compramos uma propriedade apropriada na cidade de Lovelock o senhor vai gostar.

- Compramos esta casa aqui na 13 St., pois está longe de desconfianças.

- Bom lugar. Disse o senhor de paletó preto e óculos escuros. Amanhã começaremos os preparativos, podemos fechar negócio. Está feito!

Apertaram as mãos e o motorista os conduziu até ao o hotel Cadillac devido estar mais próximo da casa comprada, rua 14 St..

***

No dia seguinte, no pequeno aeroporto de Derby Field um avião cargueiro taxiava e Freeman aguardava com seus óculos escuros, uma bermuda e uma camisa colorida, aguardava o enorme avião desligar os motores. Já com dois caminhões e uma empilhadeira aguardando próximo.

- Senhor Freeman, como está? Estamos prontos para descarregar! A equipe está descendo as portas do bagageiro.

O senhor Freeman não deu muita atenção ao piloto que o cumprimentou. Fazendo sinal para a empilhadeira, fez uma circunferência no ar com o dedo indicador, para que os motoristas das carretas fizessem a volta e estacionasse com a traseira do caminhão voltada ao bagageiro, acenou para o piloto, com um gesto levemente positivo com a cabeça e se despediu do piloto.

A empilhadeira trabalhando sem parar, encheu parte dos dois caminhões baús trucados e finalmente o motorista do caminhão fecha as portas e vai para o centro da cidade.

Alguns vizinhos observam a movimentação, não tão comum na cidade, alguns acenam, outros apenas olham, outros já ficam parados observando a empilhadeira retirando as embalagens e colocando-as próximo a residência da rua 13 St.

Freeman apenas observa tudo atentamente. O motorista do caminhão vem se aproximando lentamente do senhor Freeman e comenta: - É uma carga grande heim! Tentando puxar assunto, apenas olhando em direção da empilhadeira trabalhando.

- Sim é! Diz o senhor Freeman de forma congelante, sem olhar para o motorista do caminhão.

- Senhor! Se precisar de algumas pessoas para desembalar e ajudar a colocar a mobília dentro da casa, conheço algumas pessoas que podem fazer.

Freeman olha para o motorista com um olhar gélido e diz: - Certo, chame umas 10 pessoas para mim e preciso de um encanador, um marceneiro, ladrilheiro e um mecânico que entenda de desenhos, pode fazer isso por mim? Garanto que não vão se desapontar. Já fazendo o pagamento do transporte.

- Xá comigo! Disse o motorista, acompanhado de um piscar de olhos e um sinal com o polegar de positivo.

***

Dia 28 de Junho de 2030 – País – Nevada

- Alô! Disse o senhor Freeman!

- Como estão as obras? Uma voz meio robótica do outro lado da linha.

- Aqui estão a todo vapor.

- E que dia já poderei mandar o pessoal?

- Eu acredito que daqui a uma semana, se é que pode esperar todo este período?

- Tudo bem! Vou mandá-los nas primeiras semanas de outubro.

- Certo! Nesta data está ótima, acredito que tudo já estará pronto.

- Fechado! Não vá se perder.

Freeman faz um sorriso meio gélido com o canto de sua boca e desliga.

Do lado de fora de seu quarto, dá uma bela olhada para a cidade e olha para a recepção do hotel e pede para fechar sua conta, dizendo que sua casa já está habitável e mudará para a casa nova.

Andando na via, algumas pessoas o cumprimentavam com aceno de mãos e ele respondia com um sorriso simples e devolvia o mesmo aceno.

- Senhor Freeman! Disse um morador acenando para ele: - Bom dia!

Freeman apenas acenou com as mãos e continuou observando as ruas e a paisagem, parecia que estava deslizando pela rua, pisava suavemente e lentamente observando todas as coisas, até chegar na nova casa.

- Bom dia! Diziam os trabalhadores ao verem o senhor Freeman.

Freeman apenas balançava a cabeça suavemente, como se respondesse de forma bem baixa. "Bom dia", parecendo mexer os lábios de forma tão sutil que quase não se percebia que havia respondido.

- Sua academia já está pronta! O eletricista está terminando os últimos acabamentos. Logo todos os equipamentos eletrônicos funcionarão. Senhor Freeman, pode me dizer para que serve esta máquina? Pois, ela é tão grande? Pelo pouco que conheço parece um...

- Reator! Freeman completa a frase do mecânico.

- Pensava que era uma máquina de raio-X. Um reator? Mas eu pensava que um reator era gigantesco?

- Este não! É um pequeno. Não tão pequeno, mas é um médio.

- Isso não vai explodir né?

- Não se preocupe, você montou apenas parte. O restante eu mesmo montarei.

- Hey! Testa ai os equipamentos, pois já temos energia. Gritava o eletricista.

- Certo! Estamos ligados. Pronto senhor Freeman.

- A casa está quase pronta, alguns ajustes e já estará habitável.

- Estou me mudando para cá hoje, pode ligar para o motorista pegar minha bagagem lá no hotel, para trazer pra cá?

- O que é isso senhor Freeman, pode deixar, vou lá buscar sem custo algum, agora que o senhor será nosso novo vizinho, uma vez que esta cidade é tão pequena. Sorriu.

***

Freeman estava mais uma vez no aeroporto, aguardando o pouso do jatinho. Desta vez com um carro, ele mesmo que o dirigia e de paletó e gravata pretos, uma camisa branca e seus óculos escuros.

Desce do avião, uma jovem, que aparenta ter uns 38 anos, bonita e negra, com uma criança no colo. Freeman segura nas suas mãos e a ajuda a descer, pega sua bagagem e põe no bagageiro do carro. A moça ao descer do veículo, olha para trás e vê o mecânico de voo, de forma amistosa, falando tchau e acenando com a mão, logo subindo a escada e fechando a porta.

Ela olha para Freeman, que é um senhor aparentando seus 50 e tantos anos, corpudo, de uns 1m e 80cm de altura. A jovem perto dele parecia uma vareta de tão pequena. Eles se entreolharam e apenas se cumprimentaram sem trocar palavras, ele olha levemente para a criança, mas rapidamente volta seu olhar para as portas do carro e abre a porta traseira para que a jovem entre e possam ir para a casa já pronta.

***

- Bom dia! Irrompia a voz na porta logo cedo.

- Bom dia! Respondia o senhor Freeman após atender a porta e gigante como era, olhava para baixo e via a criança, de apenas cinco meses, já engatinhando e subindo na barra das calças do gigante.

Senhora Juliete olhou para a criança com espanto, mas não querendo apresentar tamanho espanto, olha para a criança e olha para o senhor Freeman.

- Desculpe! Mas gostaria de dar boas vindas a sua esposa. E pelo visto tem um garotão aqui.

- Margareth! Temos visita!

- Oi! Bom dia!

- Bom dia! Prazer! Sou Juliete, sua vizinha, trouxe este bolo. Não sei se gosta, mas é uma especiaria de nossa cidade. Uma delícia.

- Hum! Que bom! Quer entrar para nos acompanhar no desjejum?

- Não! Obrigada, vim apenas dar as boas vindas, seja bem-vinda a nossa cidade. Quando eu estiver com mais tempo, virei para conversarmos e vou colocar você a par de tudo desta cidade. Agradeceu e foi virando as costas. Saindo da calçada do senhor Freeman, acenando com um tchauzinho.

Margareth pegou o bebê no colo e disse palavras de crianças. Freeman entortava a boca e olhava para ela, sacudindo a cabeça de forma negativa.

Já à noite, Freeman anotava em seu caderno, no novo escritório com a luz do abajur ligado.

"*Apenas quatro meses e já engatinha.*"

"*Já com quatro dentes, dois em cima e dois em baixo.*"

"*Já consegue ficar sobre os dois pés, já com apoio*"

Levanta a cabeça e pensa: - Uma criança normal? Estes fatos, em sua maioria, só começam a acontecer após o sexto ou sétimo mês ou quase com um ano.

CAPÍTULO IV

Dia 17 de Junho 2030 – Estado Federado Minas – Brasil

Na delegacia, o Senhor Jansen, ainda com uma aparência de raiva do ocorrido no hospital, se aproxima do balcão para registrar uma ocorrência de agressão e uma suposta troca de bebês.

- Bom dia! Em que posso ajudar?

- Olá! Meu nome é Jansen. Hans Jansen. Minha mulher estava grávida e fui até o hospital para buscá-la e pelo visto roubaram meu filho. Eu e minha esposa somos brancos, eu, alemão e ela morava em Santa Catarina, antes da bomba destruir aquela cidade.

- O senhor tem provas? Mas, antes de me falar, me passe o número de sua credencial. A agente disse já se sentando em frente ao computador e solicitou que o senhor Hans se sentasse à sua frente.

- 777.881.473-74.

Em frente à agente aparecia os dados do senhor Hans.

Nome: Hans Jansen Ziberman.

Nacionalidade: Alemã.

Estado Civil: Casado.

Nome da esposa: Juniê Jansen de Alencar.

Trabalho: Laboratório Nuclear.

Nascimento: 10/05/1986 – 44 anos, 1 mês e 6 dias.

Residência: Passa Tempo. Avenida Geraldo M Rangel número 10.

- Tudo bem! Senhor Hans, podemos agora escrever um histórico sobre o tema. O que aconteceu?

***

Com uma cópia da ocorrência, se dirigiu novamente ao hospital. Entrou sorrateiramente e foi até ao quarto 234, mas viu outra pessoa no lugar da esposa. Espantado, foi até a recepção para questionar onde estaria sua esposa. Digitou seu código do plano de saúde na máquina e saiu o relatório impresso na tela da mesa da recepção. E se espanta com a resposta: - Não há registro. Não acreditou no que a máquina respondeu e tentou mais umas quatro vezes e a mesma resposta. "Não há registro". Foi até uma das recepcionistas e questionou: - Bom dia! Quero dizer: Boa tarde! Procuro uma paciente que veio na madrugada de ontem para fazer um parto, pode verificar o nome para mim.

- Claro! Só me dizer o nome que lhe informo.

- Juniê, com acento no circunflexo no e, Jansen de Alencar.

- Desculpe senhor, mas não consta.

- Tem certeza?

- Sim tenho.

- Tem Certeza?

- Não consta nada senhor!

- Como não consta nada? Hoje pela manhã estive aqui e falei com ela e houve até um problema e fui enxotado daqui deste hospital! Ela estava no quarto 234. Pode verificar novamente?

- Sim! Juniê Jansen de Alencar. Não tem ninguém com este nome neste hospital e nem entrada de ninguém com este nome. Desculpe.

Ele se apressa e vai correndo para casa. Chegando em casa percebe a casa com a porta entreaberta, espantado, chega com cautela e abre a porta vagarosamente, quase em câmera lenta, entra e vai caminhando a passos suaves pela sala e percebe tudo organizado como havia deixado antes de sair pela manhã. Se vê no espelho da sala e caminha para o quarto e pensa: "- talvez tenha voltado para casa e devam ter corrigido a situação de meu filho". Mas a porta está aberta?

Continuou pisando levemente na casa para o quarto e viu mais uma vez a porta entreaberta, abre a porta lentamente e olha para a cama e vê uma perna no chão. Termina de abrir e olha uma grande mancha de sangue, antes de falar qualquer coisa é agarrado com um lenço em sua boca e tenta se desvencilhar, contudo é vencido pelo elemento tóxico e acaba desmaiando.

CAPÍTULO V

Dia 28 de Junho 2030 – Sobrevoando o Brasil em direção a capital do país.

Atenção senhores! Gritava o tenente no avião de carga militar, com vários soldados sentados nas laterais. Estamos em território da Federação Brasileira. Estamos entrando na zona afetada pelo tsunami.

O sargento Alan se lembra da grande tragédia de 2027 quando o nordeste do Brasil foi engolido por um tsunami e fez desaparecer todo o nordeste, restando apenas parte da Bahia, do Piauí e Minas Gerais. Tragédia horrível, lembra-se. Respira profundamente e retira do bolso do uniforme o número do telefone do médico Colim Turner e olha atentamente para o bilhete e pensa: - Como estará aquela criança e que cor era aquela?

Seu pensamento é interrompido pelo soldado ao seu lado com uma cotovelada em seu braço e ouve: - Só esperando para cair nos braços do amor. Não é sargento? E uma enorme gargalhada impera entre a tropa.

***

Dia 28 de Junho 2030 – Estado Federado Minas – Brasil

- Epa! Mais um processo para andar, aqui na minha tela! Preciso de um pouco de ação! Deixe-me ver. Deixe-me ver. Hum. Sei.

Quer dizer que foi registrada uma ocorrência de troca de bebês, hum! Pode ser apenas um caso de traição.

- É meu jovem! A vida não é moleza, não podemos desperdiçar o dinheiro do contribuinte, depois que criaram este departamento, diminuiu e muito as despesas com ocorrências que não iam para lugar nenhum.

- Claro né! Aquele formato arcaico dos anos vinte já era? Tinha umas 30 polícias diferentes! Agora com uma só, tem vaaaarias áreas para trabalhar, atende a todos. Eu que era Sargento agora sou apenas um verificador de fatos. Na minha época? Isso nunca ia ser verificado. Como se dizia no passado, quando eu era da Polícia Militar! Isso vai direto para a sexta seção.

- Me lembra ai! Esta união começou quando, mesmo?

- No ano de 2027, depois do tsunami no nordeste e da bomba nuclear perto do Uruguai que devastou a região sul do Brasil. Não nessa ordem.

- É mesmo! Havia esquecido!

- Velho é assim mesmo, te-nen-te. Há! Há! Há! Há!

- Que tenente, agora agente de atos administrativos de investigação. Desdenhava o ex-agente de polícia civil e ambos caíram na gargalhada e uma breve despedida. Vai trabalhar, porque o dever o chama.

***

- Boa tarde! Falava o policial da Federação de polícias.

- Boa tarde! Dizia a atendente do hospital, lixando as unhas!

- Olá! Sou o policial Manoel. Preciso falar com o diretor ou responsável pelo hospital.

Ela olha para o policial, pára de lixar as unhas e fica impressionada com o policial, com seu uniforme azul bem escuro e expressa um sorriso bem amistoso.

- Sim! Vou ligar para o chefe do setor.

- Se o senhor quiser pode se sentar e aguardar.

- Não! Não! Prefiro aguardar de pé mesmo.

A atendente faz a ligação e fixa o olhar no rosto do Policial Manoel e conversa: - Olha! Tem um policial aqui e quer falar com o diretor ou alguém da chefia.

Ao desligar o telefone, se levanta e fala com uma voz bem suave para o policial: - A Helena, que é a chefe do setor, estará ali naquela porta lhe esperando.

- Certo, querida. Muito obrigado.

- Disponha quando quiser!

O policial Miguel, com um sorriso no canto da boca, olha fixamente nos olhos da atendente e diz: - Olha que eu posso dispor e sai em direção ao saguão.

Ela dá um leve sorriso e abaixa os olhos e o observa de cima a baixo, enquanto ele caminha em direção ao saguão e morde o canto de sua boca, no momento que ele olha para o salão do hospital.

- Boa tarde! Sou a enfermeira Márcia Helena, chefe do setor. Em que posso ajudar, policial! Ela aperta os olhos e olha o nome no uniforme: - Manoel.

- Tudo bem? Não sei se vai poder me ajudar, mas tenho em minhas mãos uma ocorrência registrada por um senhor, deixe-me ver, Hans. Hans Jansen. Eu poderia falar com o diretor ou chefe responsável por parto ou ô..., deixe eu ver, Lucas, Lucas Melito. Doutor Lucas Melito.

- Não sei dizer ao certo? Lucas Melito? Hum. São tantos médicos! Não vou saber ao certo. Mas vou levar você até ao setor responsável pelos dados e nome das equipes. Tudo bem?

- Oi Pedro! Este é o policial Manoel, ele quer saber se temos o Doutor Lucas Melito.

- Obrigado Márcia Helena, pode deixar que falo com ele sobre o assunto.

- Tudo bem!

- Certo! Em que posso ajudar? Falou Pedro.

- Olha só Pedro, preciso saber se o Doutor Lucas Melito trabalha neste hospital?

- Deixe-me ver aqui no cadastro. Só um momento. Hum.

Na tela do computador aparece o nome Lucas Melito – Obstetra:

Dia – 16 Junho 2030 – Registrado – Entrada 19h – Saída 07h.

Dia – 19 Junho 2030 – Registrado – Entrada 19h – Saída 07h.

Dia – 22 Junho 2030 – Registrado – Entrada 19h – Sem registro.

Dia – 25 Junho 2030 – Sem registro.

Dia – 28 Junho 2030 – Aguardando registro.

Pelos meus registros ele é funcionário sim, dia 22 ele não registrou saída e desde então não apareceu, não me ligou e nem disse se viria ou não, pois desde o dia 25 não aparece. Hoje é plantão dele, geralmente ele chega por volta das 18h ou 18h30m.

- Me responde mais uma coisa! Quantas crianças nasceram no dia 16 de junho, pode verificar.

- Sim! Só um minuto.

- Durante o dia inteiro até as zero horas, 12 crianças. Sete durante o dia e seis durante a noite.

- Sabe dizer quantos foram realizados pelo doutor Lucas Melito.

- Registrados por ele, três.

- Tem o nome das mães.

- Sim! Zélia, Lucélia, Marta.

- Não tem nenhuma Juniê?

- Não! Não! Nenhuma.

- Pode procurar por este nome? Juniê Jansen de Alencar.

- Sim! Só um momento. Não, não consta.

- Tudo bem! Aguardo ele chegar. Obrigado!

Manoel começa a falar baixinho consigo mesmo: - Estranho, será que é apenas um trote? O médico sumiu, não tem nenhuma mulher que teve uma criança neste horário? Será que é mais um trote? Lá vou eu passar de meu horário de novo? Aff! Acho que esta ideia de juntar estas polícias, fez foi bagunçar, pois se fosse em outros tempos esta ocorrência iria para o lixo e eu já estaria em casa. Mas com este registro maluco de sistema, que registra entrada e saída, nem dá para dar o golpe.

Após dar umas voltas e verificar outras ocorrências, por volta das 18h40m ele volta ao hospital.

Como existia uma norma que os policiais e Guardas de socorro médico poderiam entrar sem solicitar autorizações, ele entra no hospital e sinaliza para a atendente que sorri para ele e acena, passa pelo segurança cumprimentando-o. Vai direto até a sala do Pedro e encontra com ele já encostando a porta.

- Espere Pedro! E o doutor Lucas Melito, apareceu?

- Até agora não! Não ligou e nem informou ninguém. Até agora nem sinal dele.

- Ele já fez isso alguma vez?

- Que eu me lembre não!

- Antes de você ir, preciso que me passe o número de telefone dele!

- Claro, tenho aqui, pois sabia que voltaria e já havia escrito aqui neste papel. Tome, pois tenho que ir, seção de pessoal fecha às 19h e tenho que ir, pois se não o meu registro vai computar horas a mais em meu ponto. Entrega o papel a ele e sai caminhando.

Manoel fica parado olhando para ele seguir pelo corredor à frente. Frustrado, resolveu ligar para o médico.

- Deixe seu recado após o sinal. Ecoa a voz da secretária no número discado em seu celular.

- Amanhã vejo isso. Hora de ir para casa, mas (...) antes tenho que passar na seção para fechar meu ponto.

***

Às 10h ao chegar no trabalho, Manoel tenta mais uma vez fazer a ligação para o doutor Lucas Melito, porém desta vez: "- Este número não existe, verifique o número ou ligue para a operadora". E o som da linha ficou mudo.

- Que coisa! Desta vez o número desapareceu. Por mais duas vezes ligou, contudo o resultado era o mesmo: Este número não existe. Antes de terminar a frase ele desligou a chamada.

Ligou para o hospital e pediu para falar com Pedro.

- Pedro falando!

- Tudo bem Pedro! Aqui é o policial Manoel, lembra?

- Sim! O que perguntou do Doutor Lucas Melito! Ontem uma pessoa de sua família ligou e disse que ele teve que fazer uma viagem e não veio trabalhar.

- Humm! Entendi! Tudo bem então. Até breve. Obrigado! Parou por um instante e meditou: - Intrigante, deixe-me ver se ele viajou mesmo.

Abriu o computador e foi verificar no sistema de saída do país ou do Estado Federado, uma vez que toda movimentação e registro tem que estar no banco de dados nacional.

- Deixe-me ver. Preencher os dados. Ele digitou: "*Lucas Melito*" apareceram muitos nomes na tela com vários sobrenomes. - Droga! Esqueci de pegar o nome completo. Hum, certo! "Filtro". Profissão: "*médico obstetra*". Hospital: "*Prêmio Caio*". Aparece a informação:

Médico: Lucas Melito Barbosa.

Função: Médico Obstetra.

Última localização: Hospital Prêmio Caio.

Data: 22 junho 2030 19h.

Sem mais informações.

- Ué! O último registro dele foi no dia que o Pedro me disse! Não tem registro dele saindo do país ou saindo do Estado Federado. Estranho. E que tal se eu pesquisar o nome do tal do Hans?

Na tela do computador digitou o nome do senhor Hans:

Profissão: Analista de física biológica.

Empresa: Laboratório Hercley Limitada – Usina de experimentos radiológicos.

Analista laboratório nuclear: Hans Jansen Ziberman.

Função: Analista de células biológicas.

Última localização: 16 de junho às 21h – registro de saída da empresa Laboratório Hercley Limitada – Usina de experimentos radiológicos.

Óbito: 17 de junho de 2030.

Familicídio seguido de suicídio.

Adulto! Encontrado em casa, com tiro na boca. Esposa Juniê Jansen de Alencar, encontrada morta no quarto com dois tiros no peito.

Siga para mais informações sobre Juniê Jansen de Alencar.

Apresentava o nome de Juniê piscando na tela.

Manoel ao observar a tela atônito, fica pensativo: - Será que foi mesmo uma traição? Mas como? Cadê a criança? Mas no hospital não tem registro de nascimento de criança? Nem o nome da mãe tem? Que ocorrência mais sem sentido?

Pensou bastante e resolveu passar a ocorrência para frente e foi até ao delegado e consultou: - Raimundo? Posso falar com o senhor um instante?

- Sim pode! Venha até aqui! O que o senhor manda, sargento? O que está ocorrendo?

- Seguinte! Após verificar os registros para dar veracidade a eles, estava consultando os fatos e encontrei um ponto de intriga! Sabe como funciona o sistema né? A rotina é sempre a mesma. Verificamos os fatos e vemos a veracidade para ajuizar ou não o provável crime. Ao analisar esta ocorrência, que é um suposto sequestro ou troca de criança no hospital, Prêmio Caio. Porém o médico sumiu, a criança sumiu e os pais cometeram suicídio.

- Deve ser apenas um corno inconformado, que matou a esposa ao descobrir a traição matou a vadia e depois se matou, a coisa mais normal do mundo.

- Mas o que me deixou intrigado é que o médico sumiu e já faz dias que não aparece e o número de telefone dele não está mais ativo, até ontem, quando estive no hospital dava sinal de desligado, agora sinal de desativado.

- Nada! Não deve ser nada. O médico estava apenas cansado e fugiu para um litoral destes por aí.

- Mas como delegado? Se toda fronteira deve ser realizado o cadastro de saída? E no sistema consta a última saída da empresa no dia antes de ter saído do trabalho, que não consta saída.

- Olha Manoel! Sabe que nunca concordei com esta mistura de polícias e acho este seu serviço uma bosta, pois no passado jogamos fora esta ocorrência e se e somente se o cara quisesse se vira para procurar seus direitos, falta pouco tempo para me aposentar e não vou esquentar minha cabeça com isso, você que é novim, com este pensamento de mundo perfeito e tecnologia e taus, se vira. Eu entrei na polícia para ser policial civil, delegado, agora com este lance de ser chefe de seção me deixa com os nervos à flor da pele. Esse maldito serviço administrativo.

Ele se levanta, vai para o canto da sala e observa alguns diplomas na parede, umas fotos e começa um discurso.

- Sabe Manoel ou melhor, sargento Manoel. Eu me tornei delegado no ano de 2002, mas antes eu fui policial Militar por quatro anos. Em 2019, quando o presidente Bolsonaro criou a lei da aposentadoria, que aumentou para 35 anos de serviço, eu fiquei com muita raiva. Mas entendo que era necessário. E antigamente, nós éramos polícia de verdade. Prendia, matava, fazia o zaralho. Mas hoje com esta unificação? Ficou meio burocrático e o avanço da tecnologia, tudo é registrado, tudo é marcado, onde vai, com quem fala, não suporto isso. Sempre sonhamos em ter algo e como solucionar os problemas da sociedade, mas tudo não passava de engodo e enrolação. Hoje, com meus 32 anos de polícia? Mês que vem minha aposentadoria sairá automaticamente, no dia 10 de julho será o meu primeiro dia como aposentado. Por este motivo, não quero saber mais de nada, de investigar, de ordenar, de mandar um bando de coisas, estou cansado. Se você quiser ir atrás o problema é seu. E se não for e quiser apenas jogar no lixo, como antes, como era feito, esteja à vontade. Porque será apenas mais um número, apenas mais uma estatística registrada no sistema.

- Entendo Senhor! Tudo bem! Vou ver o que faço com esta ocorrência.

Ele pensa e repensa. Não sabendo exatamente o que fazer. Com o balde de água fria que havia tomado do delegado.

De frente ao computador, ele observa e pensa o que vai escrever. Na tela, como se fosse uma pressão, olha a pergunta: "- Iniciar processo – anular processo – registrar novas informações – continuar análise". Ele pega o mouse e fica na dúvida em qual ícone clicar. Se continua ou se desiste.

Ele reflete sobre o tempo que era policial militar de rua e buscava os criminosos e tentava resolver todas as suas ocorrências e não conseguia ou muitas vezes as ocorrências não tinham desfecho e um apanhado de coisas que precisavam ser feito e simplesmente não eram feitas. Pensando nestas coisas resolveu aguardar e foi ao encalço de busca de mais informações e em sua mente sua voz lhe disse: " - Porra! Foda-se! Vou resolver essa bagaça".

Mau sabia o sargento Manoel que a intenção de sua seção e do sistema criado, era justamente para gerar este sentido de dúvida, para que os fatos fossem analisados e que pudessem ter celeridade na solução dos casos em aberto.

CAPÍTULO VI

Dia 22 de Junho de 2030 – Federação do Estado de Minas

Em um cruzamento do doutor Lucas Melito com o telefone no viva voz no rádio de seu carro: - Olha só amor! Estou voltando para o hospital, porque deixei de registrar minha saída, vou me atrasar um pouco.

Ela olhava para o relógio que marcavam as 07h30m. - Está bem amor! Vou dormir mais um pouco então!

No interior do carro do médico, irrompia a voz no rádio Bluetooth do carro.

Ao parar no semáforo e aguardar o sinal verde, ao lado de seu carro para um outro veículo, com dois sujeitos. O sujeito do lado do passageiro abaixa o vidro e questiona: - Doutor Lucas Melito?

- Sim! Respondia de forma automática.

O ocupante do carro, desce e vai até a porta do lado do passageiro do doutor, que tem o vidro fechado. Ao bater com sua arma levemente no vidro, faz sinal para abrir a porta. O motorista está com uma arma apontada para o doutor.

O doutor abre a porta e obedece aos comandos dos elementos.

- Dirija! Siga o carro! Disse o sujeito com a arma apontada para o doutor, já sentado no banco do carona.

***

Dia 23 de Junho de 2030

- Tudo bem! Meu nome é Michele. Eu vim até aqui para registrar uma ocorrência de desaparecimento. Pois meu marido é médico no hospital Prêmio Caio e ele não chegou em casa desde o dia 22. Liguei para o hospital e ele não chegou lá e desde este dia não volta para casa. Estou preocupada e ninguém sabe dizer onde ele está. E já tem sete dias que não liga e não aparece, já liguei no telefone dele e agora está desativado, como se tivesse mudado de número. Pode me ajudar?

- Claro senhora! Dizia o atendente no balcão da polícia. Passe-me o seu número de registro.

- Pronto!

Passado o número de registro, aparecem na tela o nome dela e do marido e os registros formais. O policial registrava os fatos e todo o histórico com todos os detalhes para deixar claro as informações sobre o desaparecimento.

***

Dia 30 de junho de 2030

O policial Manoel, vai novamente até ao hospital e anda pelos corredores procurando saber onde fica o quarto 234, local que a esposa do senhor Hans esteve instalada, de acordo com o relato que estava em sua ocorrência.

- Tudo bem Pedro? Como está?

- Eu estou bem, em que posso ajudar o senhor?

- Você pode ver para mim quem estava trabalhando com o doutor Lucas Melito no dia 16 de junho?

- Aqui a relação! Acredito que estão de serviço hoje a noite.

- Tudo bem! Obrigado!

Ele observa os corredores. Vai até ao quarto, olha em volta e diz: - Pense Manoel, pense!

Uma das enfermeiras o vê e questiona: - Sim, policial em que posso ajudar? Está procurando alguém?

Ele mede as palavras com cuidado, dá um sorriso e pergunta: - Sim! Pode me ajudar. Você trabalha em qual setor?

- No laboratório! Estou indo para lá? Mas o que o senhor precisa? Posso levar o senhor até a Márcia que é chefe do setor.

- Não! Não tem necessidade. Estou procurando a Juniê, minha esposa. Deu um sorrisinho sem graça.

- Juniê? Este nome não me é estranho!

- Por quê? Você conhece?

- Deixa ver onde eu vi este nome? Há! Lembrei! Nome diferente! Venha até aqui, vamos ao laboratório comigo.

- Deixa eu ver! Dizia a técnica no laboratório, procurando em uma papelada em uma caixa. Aqui! Eu sabia que já tinha visto este nome. Juniê Jansen de Alencar. O médico Lucas Melito pediu uma amostra do líquido amniótico de sua esposa. E foi registrado no banco de dados nacional os resultados dos exames.

- Que bom! E posso saber qual foi o resultado?

- Claro! Foram encontrados pigmentos de cor azul-cobalto e uma alta quantidade de antocianina, que não é comum, pois é um flavonoide encontrado em uvas ou flores de cor azul-escuro.

- Não entendi nada! O que isso quer dizer?

- Eu também não sei, mas os resultados são estes. O médico Lucas Melito pediu para enviar para um laboratório fora do Brasil, porém não vi o doutor para saber se teve resposta.

- Muito obrigado! Posso ficar com este resultado?

- Claro que não, só com autorização do hospital e quem libera é somente o doutor. Desculpe. Mas, se sua esposa teve o neném aqui deve estar no berçário, já que aqui tem a entrada dela e o horário do pedido e o número do quarto. Tome esta etiqueta, tem nome, horário, tamanho da criança, peso quarto e número de leito no berçário. Lá você deve encontrar seu filho.

- Obrigado! Responde o sargento Manoel.

Em direção ao berçário, ele pensa: - Tem algo errado com esta ocorrência? A família Jansen morta, o doutor sumiu, vamos ver se encontro algo sobre a criança. Teste de laboratório com cor azul?

Observando o berçário, olha lentamente para cada criança, uma a uma. Uma enfermeira chega próximo e comenta.

- Lindos né!

- Há! Claro! São lindos, mesmo! São tantos.

- E o senhor! Já encontrou o seu?

- Não! Está no leito 25! Qual é o leito 25?

- Ali! Está vazio. Devem ter o levado ao quarto para amamentação com a mãe.

- Verdade! Pode ter sido. Obrigado mesmo assim.

Ao continuar observando ele começa a sair do berçário e uma enfermeira, passa e esbarra nele e continua andando. Ele olha para ela. Ela continua andando e faz um sinal com o braço acima do ombro como se estivesse o chamando.

Ele olha intrigado e continua andando na direção dela, acompanhando ao longe. Ela entra em uma sala e chegando próximo, ela o olha e faz sinal para que vá onde ela está.

- Tudo bem! Diz Manoel intrigado.

- Venha cá! Fala a enfermeira sussurrando.

- O senhor é policial e tem algo que quero lhe dizer, mas tenho medo de alguém ouvir.

- Pode falar, não tem ninguém observando.

- Não posso guardar isso comigo, estou aflita há dias.

- Pode dizer!

- No dia 16 de junho nasceu uma criança de cor esquisita neste hospital. Sei lá! Um azul meio preto ou preto meio azul. Era totalmente normal, mas meio azul. Mas o estranho não foi isso, o estranho é que os pais são brancos e a criança negra. O que me intrigou foi que um pessoal estranho chegou aqui e retirou a mãe e a criança. Nunca vi pessoas mais estranhas neste hospital.

- Entendo! Manoel responde, com um olhar intrigado. Não fale nada para ninguém, mas vou ver o que posso fazer. Obrigado pela informação! Falou em voz alta como se ela estivesse lhe passando uma informação para ir a outra sala. "- *Obrigado mesmo, vou até ao quarto que você me indicou, me ajudou muito*".

Ela sem entender muito, retribuiu: "- *Não há de que policial! Estamos aqui para ajudar*".

***

De volta ao centro policial, ele senta em frente ao seu computador. Com um pedaço de papel e um lápis começa um rascunho com informações:

1 – *Família: Morta.*

2 – Doutor: Sem notícias.

3 – Resultado do laboratório: Presença de antocianina?

4 – Registro no hospital do nascimento: Não existe.

5 – Janiê: Sai do quarto e do hospital por pessoas que não são da família dela.

6 – Criança: ? "onde está a criança"???????

- Espere! Se o médico está desaparecido? Será que tem família? Esposa? Mãe ou pai? Vou ver com o pessoal se houve algum registro de desaparecimento de um tal Lucas Melito.

Com seu carro, dirige para até a delegacia local.

- Oi! Tudo bem!

- E ai colega! Pode entrar. Agora que somos uma polícia só, não tem porque existir limitação né!

- Sim, claro! Eu trabalho na seção de análise e confirmação das ocorrências registradas para crimes, caso tenham caminhos ao juizado cível e não o criminal. Eu sou responsável em ir até ao local e confirmar se os fatos são verídicos.

- Hum! Entendo, temos um montão de ocorrências que são registradas, mas não são casos de polícia e sim do juizado. Mas, me diga! O que lhe traz a nossa Delegacia?

- Sim! Sabe me dizer se houve um registro de desaparecimento de um médico? Lucas Melito é o nome dele.

- Há! Claro! Me fala o nome dele completo que olho no sistema.

A policial, digita o nome no sistema de buscas de registro e aparece o nome: Lucas Melito: Desaparecido desde o dia 23, comunicado pela esposa Michele. Segundo o histórico, ele desapareceu desde o dia 22 de junho, disse que recebeu uma ligação dele por volta das 7h, porém não houve mais contato desde então. Disse que ligou para o hospital, mas disseram que ele não chegou até lá, nem no dia e nem depois.

- É um fato relevante! Disse a agente. Mas, como o coronel que comanda esta delegacia de polícia, não buscamos pessoas desaparecidas, é apenas mais um marido cansado. Desde a união da polícia, algumas coisas funcionam, mas outras têm sempre um grande tijolo em cima do pedal do freio.

- Sei bem como é! Disse o Manoel meio desolado. Sem saber exatamente por onde começar.

A policial faz um comentário: - Desde a explosão do congresso, naquele atentado, nosso país não foi mais o mesmo, ainda mais, depois de tantas bombas pelo mundo e as novas ordens mundiais, o mundo não é mais o mesmo.

- Verdade! Está tudo tão diferente. Sei não! Mas quem sabe podemos evoluir né! Quem sabe.

- Sei não, sargento! Acho que o mundo mudará mais. Depois destes atentados muita gente desapareceu e continua desaparecendo. Mas! Ela deu de ombros. Posso ajudar em algo mais?

- Tranquilo! Já me ajudou muito! Só mais uma coisa! Tem o endereço aí? Ou número de telefone?

- Sim! Tem! Deixa eu anotar aqui! Pronto! Tome! Agora deixa eu trabalhar, porque se não o coronel vai arrochar o povo aqui. Saiu rindo e se despedindo do sargento Manoel.

***

- Pois é! Aqui de novo estamos descansando mais um final de semana. Dizia o senhor Antônio.

Manoel meio encabulado, forçava sua vara de pesca no rio.

- Em uma pescaria dessas para um final de semana está bem produtivo. Olhando para o balde de pesca, com vários peixes dentro.

- Acho que já basta? Dizia o senhor Antônio.

- Acho que sim, vamos tratar e comer. A volta de barco é um pouco demorada.

- E então! O que está achando do novo governo?

- Sei não, filho! Bolsonaro até tentou. Seu governo foi bom, desde sua fuga para outro país, pois a esquerda não se cansou e com os guerrilheiros que explodiram o congresso, tudo mudou. O exército na rua o tempo todo, muitas perguntas a toda hora. E ainda mais agora que somos um país federado. Já foram muitas bombas nucleares.

- Eu sei seu Antônio! Uniram as polícias, o sistema de informática conectou todos no mundo. A China e a Rússia são uma grande coalizão desde a invasão da Ucrânia em 2022.

- E porque você nem comentou que a maior potência do mundo, os Estados Unidos, iriam se dividir. Quem diria, a maior potência hoje é a coalizão Russa e China.

- Mas isso é muito grande para pensarmos, sem contar do tsunami que engoliu todo o nordeste.

- É verdade! Perdi muitos amigos lá.

- Mas me diga Manoel, como está seu trabalho?

- Lá no meu trabalho? Vai tudo certo! A não ser por uma ocorrência registrada que me deixou intrigado.

- Hum! Sei! É um caso muito sério?

- Pior! É meio enrolado, cheio de coisas, parece até um filme Hollywoodiano.

Seu Antônio dá umas risadas: - Não vai me dizer que é como o exterminador do futuro, um montão de robôs, matando todos e que vieram do futuro?

Ambos caíram na risada, mas Manoel insistiu no assunto. - Pois é seu Antônio! O senhor acredita que um médico desapareceu e o mais intrigante é que, ele fez um parto e os pais do garoto ambos apareceram mortos e a criança também sumiu. Como pode? Ainda mais aqui na Federação de Minas?

- Meu filho! Se durante estes anos, derrubaram o governo, explodiram o congresso, bombas nucleares a torta e a direita. Eu vou duvidar que por causa de uma criança o marido matou a esposa e ainda sumiu com o médico. Nem duvido.

- O pior é que o médico morreu dias depois do marido ter matado a esposa e cometido suicídio. Não sei qual caminho seguir, depois que juntei tanta coisa não sei mais para onde ir.

Seu Antônio ouvindo atentamente questiona: - Mas o que houve de tão sério assim, para que tirasse seu sono?

- Veja seu Antônio. O médico sumiu ou morreu, sei lá. Eu ainda não fui visitar a esposa dele. Mas, o engraçado é que no hospital não tem registro da entrada da esposa que foi morta pelo marido. Nem do menino, que ninguém sabe para onde foi. Tem ainda a história de uma testemunha que viu a mulher sendo tirada do hospital junto com o filho. Já pensou no tamanho do problema?

- É meu filho! Um problemão. Pelo visto, para desenrolar esse embaraço vão dias e dias. E o que está pensando em fazer? Porque na minha época, pelo que eu sei, o serviço público nunca funcionou corretamente, sempre com problemas. Lembro que eu ia para Brasília, a antiga capital do país. Nada funcionava direito, sempre uma bagunça.

- Pois é! Muita coisa mudou, não sei se para melhor ou para pior.

- Mas olha só Manoel? O que você ganha se for conferir estes fatos?

- Nada!

- E o que você ganha deixando isso pra lá?

- Verdade! Eu não ganho nada se deixar para lá e nem ganho nada se for investigar. Se posso chamar assim, pois desde a união das polícias, ninguém sabe ao certo o que fazer.

- Estamos quase chegando. Dizia o senhor Antônio pilotando o barco. Filho! Eu só sei de uma coisa. Quando estamos angustiados com algo que nos incomoda, não dormimos enquanto não solucionamos.

- É bem verdade! Mas, vamos deixar o trabalho de lado e comer peixe na grelha. Dizia Manoel com o olhar distante observando o sol da tarde ficando para trás e ouvindo o motor do barco.

***

Na segunda-feira, ao olhar para o relógio de parede em sua cozinha, marcando 06h50m.

No momento em que separava os produtos para fazer um café. Pensava o que faria com o caso da criança desaparecida. Enquanto tomava seu café.

Ele reflete e acredita ser melhor concluir o processo.

Em conflito de ideias, entre encerrar o processo e continuar a verificação. Começa a pesar os pontos.

- Se eu continuar a investigação, o que eu ganho com isso? E se eu parar? O que ganho? De qualquer forma! Continuando ou parando, não muda nada! Droga!

Nesse alvoroço de pensamentos, não conseguia saber exatamente o que fazer.

Enquanto se vestia para trabalho, decidiu: - Vou encerrar o processo e vou fazer umas buscas na cidade, preciso encerrar esta angústia em saber o que verdadeiramente aconteceu.

***

- E ai pessoal! Como estão?

Cumprimentou a todos, foi até sua mesa e ligou seu computador. Indo até a tela de trabalho abre o sistema da polícia e seleciona o processo. Abre novo relatório, pensa por alguns minutos e escreve, inconclusivo e despacha para o promotor, informando que não possui informações suficientes para abertura de um processo judicial.

Em sua mente, sabia que o novo sistema de registros marcava seu tempo no trabalho, não sendo mais obrigatório a presença no ambiente de trabalho, pois as horas eram marcadas de acordo com o registro de entrada e saída do prédio, não havendo mais a necessidade de permanecer por seis horas direto ou oito, o mesmo se dava por horas extras. Com a nova ordem mundial, era obrigatório o registro de entrada e saída em qualquer ambiente público ou privado.

Após encerrar seu processo, fala com os amigos e diz que vai precisar sair e que fará a computação de suas horas de trabalho amanhã. Se despede e sai.

Na estrada, vai até ao endereço da esposa do médico Lucas Melito.

- Bom dia!

- Bom dia! Atende a senhora Michele com os olhos ainda inchados de tanto chorar.

- Desculpe! Sou Manoel. E vim coletar algumas informações sobre seu marido.

- Ah! De novo?

Manoel pensou: - Alguém da delegacia deve ter vindo questionar algumas coisas ou trazer uma notificação para que ela pudesse falar como se deu o sumiço de seu marido.

- Hum! Entendi, alguém da delegacia já veio até aqui? Falava Manoel, meio sem graça.

- Sim! Acho que sim! Eles disseram que eram de um departamento especial e me fizeram algumas perguntas.

- Desculpe minha insistência. O seu marido costumava tomar estas atitudes? Assim, de desaparecer por dias?

- Não! Ele nunca faria isso. Para mim ele foi sequestrado.

- Por que a senhora diz isso?

- Porque ele comentou sobre um parto que fez e ligou para o laboratório fora do país que ele conhecia e me disse que havia algo estranho na criança.

- Sei! E a senhora disse isso aos que vieram até aqui para falar com a senhora?

- Não! Não comentei com eles, porque eu e meu marido tínhamos um pacto, pois as coisas que ele me dizia do trabalho, não diria para ninguém. Mas nas circunstâncias que estamos. Não tive coragem de dizer para eles. E nem sei porque estou te contando.

Continuou a senhora Michele: - No dia 21 ele recebeu a ligação do laboratório, mas não entendi, pois ele falava em inglês e não compreendi o que ele havia dito. Ele ficou calado por um bom tempo após esta ligação. Isso eu disse aos investigadores que vieram aqui. Como nosso carro tem Bluetooth, eu ouvi a ligação e por incrível que pareça, a voz de um dos agentes era idêntica ao do telefone. Por este motivo, também fiquei receosa de falar mais coisas.

- Mais uma coisa, senhora Michele. A senhora sabe qual laboratório ele ligou?

- Laboratório Hercley. Eu sei porque quem fez a discagem foi eu, porque adoro testar o áudio do telefone quando pedimos para ligar, como no filme "*Uma lição de amor*", quando a advogada pede em seu carro para ligar para casa e a secretária eletrônica ligava para o escritório. Com um sorriso meio triste no rosto, lembrava como ela falou: "- Laboratório Hercley". Então a secretária ligou e ele atendeu: - *Hello*! É o que eu lembro.

- Muito obrigado senhora Michele. A polícia vai encontrar seu marido, tenho certeza, não fique triste, logo ele aparecerá. Falou Manoel segurando em sua mão e se despedindo.

***

Dia 10 de julho de 2030

Todos no pátio estavam aguardando a chegada do Delegado que estava se despedindo do pessoal por ter iniciado o primeiro dia de aposentadoria.

- É com muito prazer que cumprimento aos senhores que estão nesta brilhante carreira. É com muito apreço que chega ao fim meus trinta e dois anos de carreira, onde tive amigos e grandes amigos. Mas agradeço a todos por estarem aqui abrilhantando este dia (...)

Ele levanta o presente acima da cabeça. Uma estatueta de um policial armado com um fuzil observando a luneta da arma e ao lado de um muro. Olha bem o presente e agradece por ele e termina seu discurso.

Um dos policiais mais novos, com dois anos de casa, faz um comentário: - É! Está acabando a safra dos policiais antigos. Mais um que se aposenta.

Ao ouvir o comentário, o Sargento Manoel, olha para ele e pensa: - Verdade! Como será daqui para frente?

Em seus pensamentos: - Como hoje é dia de festa, vou dar uma escapulida e vou ali no laboratório Hercley.

- Verdade! Falava em voz alta com o novato. Acho que vou ali! Já! Já! Estarei de volta.

***

Em direção ao laboratório Hercley, conversava em voz alta consigo mesmo dentro de seu carro: - Será que vão omitir sobre o Doutor Lucas Melito? Ou omitir sobre o Hans? Qual dos dois eles vão mentir?

Uma hora de viagem e logo a frente, uma a placa indicando o laboratório, "*Laboratório Hercley. Siga em frente*". De longe se via o grande prédio com o nome enorme em sua fachada "HERCLEY".

Estacionando seu carro, ele observa carros pretos, do tipo SUV. Possuíam vidros bem escuros, não conseguia ver nada dentro dos carros.

Na capô de um deles, havia uma antiga bandeira dos Estados Unidos. Ele desliga o motor e permanece no interior de seu carro. Fica observando as pessoas entrarem naqueles carros.

Observa eles saírem, como em uma coreografia, ele acompanha o olhar e percebe mais um carro idêntico aos outros, que estava parado um pouco mais a frente, bem longe dos outros dois.

O carro que houve o embarque ficou no meio, enquanto os outros dois acompanhavam, um na frente e outro atrás.

Ele pensa um pouco e diz: - Cara que loucura você está fazendo? Deixa este troço para lá! Larga isso e vai viver sua vida!

- Droga! Mas, a voz do seu Antônio ecoava em sua mente. "*Quando estamos angustiados com algo que nos incomoda, não dormimos enquanto não solucionamos*".

Manoel sai do carro e fica de pé com as mãos entrelaçadas no teto, como em um ensaio, pensando em: o que; como; para quem e por que dizer.

Indo em direção a entrada do prédio, observa o painel de registro, aproxima seu cartão e a secretária eletrônica responde com uma voz de mulher bem agradável e sensual que ecoou em todo aquele hall.

- Bom dia senhor Sargento Manoel seja bem-vindo ao Laboratório Hercley Limitada, aqui trabalhamos para ajudar as pessoas e as famílias do Brasil e do mundo. Pressione na tela o local que deseja ir.

Ele olha para tela, olha para cima e vê aquele grande salão e procura para descobrir de onde vem aquela voz sensual que nem parecia uma voz eletrônica.

Olha para o teclado e foca seu olhar na linha: "Seção de Pessoal".

- Boa escolha Sargento Manoel. Dirija-se ao elevador.

Chegando a ele, com um sensor de presença acima das portas do elevador, as luzes ao lado se acendem. Após as portas se abrirem, ele entrando e, enquanto as portas vão se fechando, a voz da secretária eletrônica fala novamente: - Sargento Manoel, seu destino é a seção de pessoal. Ele observa que no elevador não possui aqueles botões para selecionar o andar. Tendo apenas o botão de emergência.

Chegando ao andar da seção de pessoal a secretária informa: Senhor Manoel, o senhor está no andar da seção de pessoal, dirija-se até a atendente que irá lhe prestar o auxílio necessário.

Ao desembarcar, ele olha para os lados e vê uma linda jovem vindo em sua direção e sorrindo.

- Seja bem-vindo, Sargento Manoel, a Alexia me informou que o senhor estava vindo. Eu sou a Stefany, em que posso lhe ajudar?

- Tudo bem! Eu estou a serviço e preciso saber sobre um de seus funcionários?

- Claro! Até imagino quem seja! Acho que o senhor quer saber sobre o Hans. Excelente profissional, pena ter acontecido tamanha tragédia com ele e sua família.

- É verdade! Uma tragédia! Gostaria de tirar algumas dúvidas sobre ele. Pode ser?

- Claro! Venha comigo. Vamos até a sala de espera.

Ao chegarem em uma sala com poltronas. Ele se senta de um lado e ela de outro.

- Pois bem! Ele era um funcionário problemático ou coisa assim? Discutia, estava deprimido ou coisas do gênero?

- Ele andava meio transtornado, pois achava que sua esposa estava o traindo e comentou com algumas pessoas sobre a situação.

- Ele comentou que ela estava grávida?

Com um lindo sorriso e olhando o sargento bem no fundo dos olhos disse: - Não! Não! Ela estava com uma gravidez psicológica. O senhor conhece?

- Já ouvi falar, mas não conheço!

- Espere um pouco. Ela se levanta e sai. Demora uns instantes e entrega em suas mãos uma revista informando: "*Gravidez psicológica: Tudo que você precisa saber*". - Infelizmente ela não estava grávida de verdade. Era uma gravidez psicológica.

- Hummm! Entendo! E o senhor Hans sabia?

- Sim, tinha total noção, pois muito dos testes foram feitos aqui, inclusive a ecografia. E deixamos sempre bem claro para ele, que é uma gravidez psicológica. Até nossa equipe de psicólogos os acompanhou. Aqui damos todo o suporte para nossos funcionários.

Sem revelar as informações que já tinha em mãos, continuou a conversa.

- E em qual setor ele trabalhava?

- Na pesquisa biológica e efeitos radiológicos sobre animais e células.

- Entendi! É uma área de radiação?

- Mais ou menos, porém é uma área muito complexa e não conheço muito, pois trabalho apenas na seção de pessoal, com registro e acompanhamento com os funcionários. Como eu disse, era apenas uma gestação psicológica e nessa revista, tem todas as informações de que precisa saber sobre a gestação psicológica.

Observando aquele sorriso, ele arrisca jogar a informação do médico Lucas Melito. Ao se levantar para agradecer: - Desculpe! Só mais uma pergunta. Conhece o doutor Lucas Melito?

Ela olha para ele e é perceptível o incômodo da pergunta, mas ela resiste e responde com um pequeno engasgo: - Não! Não conheço. Deveria?

- Não! Não! Só gostaria de saber se já tinha ouvido falar, por ser um médico da região. Quem sabe poderia conhecer.

- Mas, não, não conheço. Espero ter ajudado, Sargento Manoel. Terminando, estendendo a mão e abrindo o seu sorriso e sempre olhando nos olhos do sargento, com um aperto de mão firme e sempre sorrindo.

- Obrigado, suas informações foram muito úteis.

Chegando ao elevador a luz se acende e a Alexia diz mais uma vez: - Bem-vindo sargento Manoel, cuidado com as portas e verifique se o elevador está no andar.

- Hum! Agora sei seu nome. Ao térreo alexia.

- Sim! Direto ao térreo.

Ele aproxima, mais uma vez seu cartão e a Alexia diz em voz alta com sua voz: "- Até logo Sargento Manoel e obrigado por sua visita".

- Que conversa mais deslavada. Ele conversa consigo mesmo indo em direção a seu carro. - Tem rolo nessa história.

Ao chegar em seu trabalho para fechar seu ponto o colega novato chama: - SARGENTO MANOEL! CHEGA AI!

- Sim! O que precisa? Novato?

- Sargento, vou te dar uma notícia que não vai lhe agradar.

- Como assim? Disse o sargento meio espantado.

- Parece que o senhor foi transferido para outra unidade.

- Outra unidade? Como?

- Não sei! Mas pelo que vi, chegou um documento te transferindo para a equipe de rua!

- Valeu pela informação, novato. Já sabe quem vai assumir o departamento?

- Sim, será o delegado Diógenes.

- Vou falar com ele. Já se despedindo.

Ao entrar na sala do delegado ele cumprimenta-o. - Olá delegado!

- Sargento Manoel, é um prazer conhecê-lo pessoalmente. E eu queria saber o que o senhor tem feito, pois me chegou um pedido para transferi-lo para as equipes de patrulhamento.

- Eu também queria saber senhor! Essa eu não entendi.

- E sabe! O mais engraçado, é que além de chegar o documento solicitando sua movimentação, recebi uma recomendação para que o senhor não trabalhe mais de forma alguma com a documentação deste departamento. Você fez algo ou fez algum erro administrativo ou coisa assim?

Na mente de Manoel, foi como um peão e ligou os pontos entre a mentira da atendente do laboratório, a mentira do hospital, a visita dos estranhos com a esposa do doutor Lucas Melito. Acreditando que o Familicídio seguido de suicídio do senhor Hans, também era tudo falso. E agora ele era o alvo.

- Não, não senhor delegado. Não fiz nada de errado.

- Infelizmente não poderei ajudá-lo, pois as recomendações que recebi é que o senhor esteja amanhã de manhã já no departamento de policiamento ostensivo. Mas mesmo assim, foi um prazer conhecê-lo.

Saindo da sala do chefe e indo registrar seu cartão de saída, o novato o encontra e diz: - E aí Sargento? Em que deu a conversa com o chefe?

- Fui transferido!

- Uma pena Sargento Manoel.

- Foda. Mas, vida que segue. E aí? O que vai fazer hoje a noite?

- Eu ia assistir televisão, sem muita coisa para fazer hoje. Por quê?

- Vamos sair para tomar umas duas cervejas?

- Claro! Eu vou para casa trocar de roupa e nos encontramos no Valet bar.

- Combinado! Oito horas estarei lá!

***

Chegando ao bar, Manoel busca com os olhos, em meio às cadeiras, se conseguia ver o novato. Não obtendo sucesso. Senta-se próximo ao balcão e pede uma cerveja.

Quando a garçonete entrega a cerveja para ele, é surpreendido com um toque no ombro, momento que o novato lhe cumprimenta: - E aí sargento?

- E aí! Me chame de Manoel.

- Certo! Meu nome é Ricardo.

- Ricardo? Hum! Desconfiado que poderia ser o Ricardo que visitou a senhora Michele, esposa do senhor Lucas Melito. - Certo! É um prazer Ricardo, vai de quê?

- Manda uma cerveja aí também!

- E quais seus sonhos para esta nova polícia?

- Cara! Eu sempre quis ser policial, agora não sou nem policial militar e nem policial civil! Muito menos Policial Rodoviário Federal e nem Guarda Municipal. Falou rindo.

- Isso é verdade, depois da união das polícias, não dá para saber como andam as coisas. Pois na televisão não passa mais nada como antigamente. Antes a televisão era que ditava o que era verdade ou mentira, agora, ninguém sabe de mais nada.

- Eu tinha 19 anos nesta época. Me lembro de uma professora em sala de aula. Olhando para as garrafas nas prateleiras de vidro com garrafas em exposição, ele diz: - Professora Mariana, com aquela voz estridente: - Garotos! Vocês são o futuro de nossa nação, por isso vote em nosso candidato, porque ele é o melhor de todos, vote 13 e se vocês votarem e trouxerem o comprovante aqui vai ser aprovado direto.

Manoel, ouve ele dizendo e questiona: - Ué! Você terminou o segundo Grau tarde?

- Nada, isso foi em 2021. Em 2022 me lembro da guerra política, mas eu votei no Bolsonaro na época, comentava rindo.

- Pena que só governou três anos, após o exército revolucionário do MST tomou o congresso e o explodiu. Dizia Manoel.

- Depois disso nada foi como antes, hoje com a TV nacional, não sabemos de mais nada. Complementa Ricardo. - Mas então! E por que quis ser policial?

- Bem eu não quis, mas na época, eu tinha que me virar. Estudei, fiz vários concursos e só passei na polícia militar. Agora com vinte sete anos de polícia. Antes eu aguardava ser promovido, mas com esta virada de governo e tudo mais, com esta união, sou apenas sargento. Tudo mudou. Antes era primeiro-sargento, segundo, terceiro e um montão de cargos e postos. Mas, tudo passou. Agora somos polícia federada estadual com status de federais.

- Eu tinha uma inspiração. O sargento Alan do exército, meu irmão. Há tempos ele é militar do exército. Estava na guerra da Suécia. Na resistência contra a invasão russa naquela região, agora ele está na antiga capital do Brasil. Após a detonação da bomba nuclear na Suécia os países aliados fizeram um acordo e se entregaram à Rússia e com isso os militares voltaram a suas casas.

- Seu irmão é do exército? Entendi! Quer dizer que ele foi sua inspiração. Muito bem! Ainda bem que estudou, pois muitos jovens estão aí à mercê. Meus parabéns, vamos brindar a isso.

O sargento Manoel, pede para eles tirarem uma foto em seu celular, ambos tiram as fotos e continuam em conversa divertida, depois de umas quatro cervejas resolvem pedir a conta e Manoel comenta: - Está na hora de ir, pois amanhã tenho que me apresentar no departamento de policiamento ostensivo.

***

Após sua apresentação no departamento de policiamento ostensivo e pegar sua viatura com sua equipe, saíram para fazer o patrulhamento. Com um pensamento no caso, ele resolve tirar a prova em relação ao novato. Vai até a casa de Michele e pede aos amigos da guarnição que ele fará uma visita.

- Certo sargento! Vai visitar uma peguete heim.

A policial feminina que compunha a guarnição, disse: - Tô sabendo sargento. E faz um sinal obsceno para ele enquanto ia até a porta da senhora Michele.

- Oi Sargento Manoel!

- Como está? Dona Michele!

- Estou bem! Notícias do meu marido?

- Ainda sem novidades.

- Eu queria fazer uma pergunta, se não se importar?

- Claro! O que precisa?

- Veja esta foto! Este é o Ricardo que veio a sua casa?

- Deixa eu ver! Não! Não é ele. É um pouco mais velho. Tem aparência de uns 48 anos ou mais.

- Entendi! Tudo bem, obrigado.

Ela comenta: - Eu estou mais conformada, pois ele não apareceu e nem tive mais notícias. A polícia não falou mais nada. Eu estou mais conformada. Minha família vai fazer uma cerimônia de funeral, porque (...) Ela respira fundo e deixa de falar.

- Eu entendo! Imagino como a senhora se sente. É difícil.

- Mas estou bem! Apareça, quem sabe podemos conversar mais e posso te dizer sobre o meu marido, como ele foi como pessoa ou é, não sei ao certo. Mas venha depois para conversarmos mais.

- Certo! Em qualquer hora passo aqui para conversarmos. Obrigado! Diz o Sargento Manoel segurando sua mão e se despedindo.

***

Na via, fazendo o patrulhamento, Sargento Manoel fala com o motorista para que fossem até ao laboratório Hercley.

No caminho para o laboratório o motorista da viatura percebe no retrovisor um carro preto vindo em alta velocidade. Ele reduz um pouco a velocidade da viatura para aguardar ele ultrapassar, porém ele chega próximo a traseira da viatura e permanece próximo de mais, parecendo pedir passagem de tão colada que estava.

O motorista acelera a viatura, porém a caminhonete preta acelera de forma equivalente e cola mais na traseira da viatura.

O sargento Manoel diz: - Quem é este maluco?

- Não sei sargento, mas pelo visto está colado em nossa viatura. Ligue o roto light e a sirene.

A caminhonete acelera mais e começa a tocar na traseira da viatura e forçar o veículo.

- Pelo visto ele não quer passagem.

- Peguem suas armas, estejam prontos para revidar.

O motorista da viatura muda de faixa e acelera mais. A caminhonete acelera mais e fica lado a lado, porém a Marta, policial feminina no banco de trás do lado do motorista, com o vidro abaixado, desfere dois tiros em direção a caminhonete que tem seus vidros a prova de balas, apenas trincam e não quebram. Ela desfere mais dois tiros, sem sucesso.

O Sargento Manoel pega o rádio e faz um comunicado: - Prioridade! Prioridade! Em acompanhamento com na MG 270 em direção ao Laboratório Hercley! Troca de tiros.

- Passe a placa do veículo Manoel. Dizia o Rádio.

O motorista da caminhonete esbarra com força na lateral da viatura e faz com que ela saia da estrada devido à velocidade, a viatura cai no barranco e atropela a mata e fica presa nos arbustos. A caminhonete continua viagem e desaparece na estrada.

***

- Bom dia! Dizia um cidadão ao telefone, após algumas horas após a viatura ter sido jogada para fora da estrada.

- Qual a sua emergência?

- Tem uma viatura batida aqui na estrada! E tem policiais feridos.

- Ok! Estamos deslocando o socorro, passe seu nome.

- Sou o José Geraldo.

- Acione o localizador de seu celular para que possamos coletar seu local exato.

Com uma pequena orientação da atendente, o senhor José Geraldo aciona o localizador de seu aparelho e a atendente consegue ver na tela de seu computador o local exato.

CAPÍTULO VII

Dia 25 de agosto de 2030 – Capital Federativa do Brasil

Érica deitada com a cabeça sob o ombro do sargento Alan, passando os dedos sobre os peitos desnudos dele. Ambos olhavam para a medalha que ele levantava e admirava enquanto estavam deitados na cama.

- Bela medalha! É bonita!

- Linda.

Ela também admirava a medalha enquanto tentava lhe roubar um beijo na boca. Se aconchegava mais ao seu ombro desnudo e suas mãos desliza para as partes íntimas, para continuar a manhã de amor.

Ele se vira um pouco e põe sua medalha no criado ao lado da cama e se volta para ela e fazem amor pela manhã.

Ela, somente de vestido, com as pernas desnudas, começa a fazer um café para o desjejum. Ela comenta: - Podíamos ir para Minas Gerais. Enquanto fazia os afazeres da cozinha.

- Podíamos visitar seu irmão, agora que é policial!

- Não é mais Minas Gerais! Agora é Federação do Estado de Minas.

- Verdade! Não sei se vou me acostumar com estes novos nomes. Érica falava sorrindo.

- Eu acho uma boa ideia. Preciso esquecer as cenas horríveis da guerra.

***

No avião, a voz do comandante ecoava: "- *Atenção senhores passageiros, em alguns minutos pousaremos na Federação do Estado de Minas, apertem os cintos para um pouso seguro".*

O sargento Alan acorda com um susto ouvindo em sua mente a voz do rádio quando esteve na guerra: - "- *negativo, negativo". Sinal de bo....xxxxx.....aten...xxxxxxx.....ate.....".* Segura forte na mão de sua esposa e abre seus olhos assustado.

- Calma amor! Estamos chegando!

Eles embarcam no ônibus no terminal rodoviário de Divinópolis a caminho de Passa Tempo na Federação do Estado de Minas.

***

Dia 27 de agosto de 2030 – Estado federado de Minas

Na cidade de Passa Tempo, eles se alojaram na casa militar que muitos não sabem que é uma estação militar localizada na Rua Cícero Ferreira de Resende 207

Os vizinhos pensavam que a casa era abandonada e se espantam ao verem Érica e Alan, chegando com suas bagagens de uber.

- Boa tarde! Falava um dos vizinhos da casa. Vocês são os novos moradores? Faz tempo que esta casa está fechada.

Alan dá um pequeno sorriso e diz: - Sim vizinho! Já estamos com as chaves.

- Eita amor! Você e seus segredos! Pensava que íamos para um hotel?

- Não se preocupe amor! Tenho tudo sob controle! Falava sorrindo.

***

Na manhã seguinte, Alan sai para sua corrida matinal na cidade. Ao voltar tem a surpresa de encontrar seu irmão Ricardo, sentado comendo um pão e conversando com sua cunhada Érica.

- E ai! Como você está? Herói de guerra.

- Deixe-me tomar um banho para podermos matar a saudade.

Após o banho: - E ai mano! Como vão as coisas? E a vida de policial? Muitas emoções?

- Aqui tudo bem! Estou por enquanto na seção de análise de crimes.

- Divisão de crimes?

- O que quer dizer?

- É uma seção nova! Que trata de pequenos crimes que vão ao judiciário para julgamento. Não necessariamente crime. São ocorrências que resultam em processos cíveis, onde o usuário registra uma ocorrência sobre um fato comum que tem que resultar em processo. Nós apuramos "*in loco*" para saber se é fato mesmo a situação.

- Hum! Compreendo. Acho que sei o que significa.

- Me diga da guerra, como foi?

- Muitas mortes. Rapaz, foram tantas coisas. Fizemos uma emboscada com os russos, um soldado que morreu, o Da Silva, ele usou uma estratégia de gangues. Falou sorrindo. Ele propôs aplicarmos uma técnica de guerra, onde apontamos um alvo falso e quando os russos caíram no golpe, foi tiro pra todo lado.

- E como foi o desfecho?

- A estratégia dele funcionou, nós atiramos em várias direções diferentes e com isso gerou uma confusão, acredito que até hoje eles procuram o que os atingiu. Continuando suas risadas.

***

O sargento Manoel, ainda internado, busca na internet em seu celular, informações nos sistemas da rede federada, o laudo do médico legista. Pensando que o legista pode ter registrado os detalhes da morte do senhor Hans. Contudo, não encontrou nenhum registro em relação à autópsia dele.

Os amigos policiais vieram até ao sargento Manoel no hospital para fazer uma visita, momento em que fica sabendo que Marta, a policial feminina que deu os disparos nos vidros do carro blindado, estava em coma desde o dia do acidente. O motorista morreu na hora da batida.

Sem muitas palavras, não continuaram o assunto.

Antes de saírem, logo chega o tenente acompanhado de um delegado e se apresentam: - Eu sou o Tenente Marcondes e este é o Delegado Martins, viemos coletar informações sobre o acidente e como se deram as circunstâncias. Vamos gravar nossa conversa. Alguma objeção?

- Não! Nenhuma! Não me lembro muito! Dizia o sargento Manoel.

- Tente se lembrar como se deram os fatos no dia.

- Eu solicitei para irmos para o laboratório Hercley, na estrada fomos acompanhados por um veículo preto, que não consegui pegar a placa, só me lembro que era um carro preto, do tipo SUV, ela tinha os vidros blindados e escuros, não consegui ver quantos passageiros estavam em seu interior. A policial Marta desferiu alguns disparos, mas não consegui ver se houve dano ou não no veículo, quando dei por mim, estávamos saindo da estrada e acordei aqui no hospital. É o que me lembro.

- Entendo! Tem algo mais que queira acrescentar?

- Não! Foi isso que aconteceu.

- Tudo bem! Temos o que precisamos. Depois vamos trazer os documentos para você assinar, tudo bem?

- Sim! Sem problemas.

***

Dia 05 de setembro de 2030

Em casa, se recuperando do acidente, recebe a visita do Ricardo.

- E aí sargento! Como estão essas pernas? Melhores?

- Fazendo fisioterapia, mas só para voltar um pouco mais aos movimentos.

- Graças a Deus não foi tão grave quanto a batida.

- Fiquei sabendo que tentaram matar a guarnição?

- Tentaram não, mataram! Graças a Deus eu escapei. A Marta ainda segue em coma.

- E tem noção de quem eram?

- Nada! Não tenho nada em concreto.

- Então! Vim aqui para falar que o meu irmão Alan está na cidade. Disse a ele que iria te apresentar. Ele que foi minha inspiração para ser policial.

- Ótimo! Podemos ir para o rancho do senhor Antônio. Lá tem um excelente riacho para pescar, apesar de eu não poder estar junto com vocês no barco, mas posso ajudar no rango ou ajudar a tomar a cerveja. Falou sorrindo.

- Certo, neste final de semana podemos ir, vou falar com ele

- Ok!

- Não exagere, pois precisamos de você neste final de semana heim.

***

Dia 07 de setembro de 2030

No Rancho do seu Antônio, todos riam na grande sala da casa no rancho. Seu Antônio fazendo um comentário sobre o sargento Manoel: - Esse meu filho! Não sei não heim! Fica me dando esses sustos, por um triz eu perdia esse meu filho ingrato. Falava sorrindo.

O sargento Alan meio intrigado perguntou: - Ele é mesmo seu pai?

O sargento Manoel deu uma boa risada e disse: - Nada! Ele que me adotou. Dando um gole em sua cerveja.

- Nossa história é antiga. Eu atendi uma ocorrência e advinha quem estava nela? Seu Antônio brigando com sua esposa, esses dois em um pega pra capá. E continua com suas risadas. Ai eu apaziguei essa discussão. Seus filhos estão longe, um foi para o exterior e sua filha está casada e morando em Curitiba. E depois desta ocorrência ele me adotou como filho e aqui em seu rancho sempre que posso venho descansar e ficar ao lado desta deliciosa companhia. Por isso ele me chama de filho.

Dona Maria Aparecida se levanta e diz: - Não vou ficar aqui ouvindo essa conversa, se não nóis num come hoje.

Érica se levanta e acompanha dona Maria para ajudar na cozinha, sendo acompanhada pela noiva de Ricardo.

Os quatro sentados nos sofás da grande sala, passa um momento de silêncio enquanto o senhor Antônio quebra o gelo e diz: - E meu filho! Aquela angústia de sua ocorrência, conseguiu resolver?

Ricardo rompe falando: - Ah rá! Então está escondendo o ouro né? - Fale para nós! Não nos esconda nada! Como diria em um programa que minha mãe sempre falava: - Conte-me tudo e não se bula?

Todos caíram na risada.

O sargento Manoel começa a história: - Pelo que pude apurar, eu creio que a história se montaria assim.

- No dia 16 de junho entrou uma mulher para um parto no Hospital Prêmio Caio. Ela teve a criança no hospital e o doutor Lucas Melito foi o obstetra para o parto. Ele fez os procedimentos padrão de um parto, pediu biópsia do cordão umbilical e do líquido amniótico. O marido da parturiente, senhor Hans, foi até ao hospital para falar com sua esposa. Porém, não achou sua esposa e nem a criança.

- Como assim? Perguntou o Alan.

- É! E fica pior!

- Eu endoidava se eu chegasse no hospital e meu filho e esposa estivessem desaparecido do hospital. Interrompia Ricardo.

- Pois é! Mas aconteceu. Veja as partes mais obscuras da ocorrência. O senhor Hans e esposa tem uma ocorrência de Familicídio.

- Familicídio? Pergunta novamente, Alan.

- Feminicídio é quando uma pessoa mata todos da família e depois se mata.

- Há sim! Entendi. Continue.

- Os maiores detalhes. Eu fui ao hospital e não tem registro em nenhum lugar do nascimento e entrada do casal para o parto, muito menos o nascimento da criança.

- Tá poxa! Disse Ricardo, querendo dizer um palavrão, mas resolveu mudar o sentido da palavra para não constranger o senhor Antônio.

- E o pior! O médico sumiu! Eu fui até ao local de trabalho do senhor Hans e veja só, mentiram na minha cara, com um enorme sorriso no rosto.

- "*A esposa dele teve uma gravidez psicológica*". Falava Manoel imitando a voz da atendente do laboratório. Uma mentira deslavada. O que consegui apurar foi que nasceu uma criança esquisita, parece que possuía a cor azul, preta, negra, sei lá, uma cor esquisita. E o médico Lucas Melito, pediu para o laboratório Hercley fazer a biópsia do líquido amniótico de cor escura. Foi aí que descobri que realmente havia uma criança. Sabe como é. Pergunta para um aqui, para outro lá e vai montando o quebra cabeças.

O sargento Alan pergunta mais uma vez: - Como é? Uma criança de cor esquisita? Como esquisita?

- Sei lá! Eu não vi. Mas pelo relato de algumas das enfermeiras, ele possuía uma cor quase azul meio negra, como um azul-cobalto escuro, mas mais voltado para o negro.

- Veja que estranho! Eu também achei uma criança com uma cor parecida com esta, na Suécia.

- Estávamos em uma patrulha. Falava o sargento Alan. E entrei em uma casa. Nessa casa havia uma mulher morta, mas ao tocar nela. Ela virou e por baixo, havia uma criança, que aparentava ter dias ou meses, não sei, mas estava viva. Levei para o acampamento e lá o médico me disse que levaria para Flórida.

- Isso é sério? E o que me intrigou, foi que a técnica do laboratório do hospital me disse que no líquido amniótico existiam pigmentos de cor azul-cobalto e uma alta quantidade de antocianina que é um flavonoide encontrado em uvas ou flores de cor azul-escuro.

Ricardo pergunta: - Que merda é essa de flavonoide?

- Não faço ideia. Disse Manoel e completou sua fala. E eu acredito que, depois destes desaparecimentos, queriam dar sumiço em mim também. E falou: - Ricardo, não vá abrir essa sua boca, pois se alguém fica sabendo desta história é capaz de você ser o próximo a desaparecer.

- Sim senhor Sargento.

Alan fica intrigado com a afirmação do sargento Manoel e resolve fazer umas pesquisas.

Seu Antônio que já havia cochilado diante de tantas palavras difíceis, acorda como em um susto quando percebe escorrer um líquido pelo canto da boca. E se assusta dizendo:- Peguei!

Todos caem na gargalhada e dizem: - Pegou quem senhor Antônio.

- Acho que bebi demais. Vamos comer, porque se não. Não dará tempo para irmos pescar.

- Pescar só se for a cama. Dizia Ricardo sorrindo.

Érica chamava Alan. - Venha querido. Almoçar! Venham todos.

***

Dia 09 de setembro de 2030

- *Hello!*
- *Hello!*

- This is Sergeant Alan from Brazil! Remember?

- Yea! I remember!

- How's Sergeant?

- I am fine!

- How are things over there?

- Here everything is fine!

- And how is the child?

- He is well! Did we give her a name? Victor! To suggest victory!

- I understood!

- Did she react well?

- Yea! She is a strong child! We got her a family. In a few days, I'll send you some pictures of how she is.

- She is a strong and robust boy. She is already crawling.

- Great! I'm glad he's okay!

- Please! Send me pictures of her as soon as you can.

- Sure! I will send soon.

- Thanks for calling.

- Goodbye.

- Goodbye.

Tradução:

- Alô!

- Alô!

- Aqui é o sargento Alan do Brasil! Lembra?

- Sim! Me lembro!

- Como está, Sargento?

- Estou bem!

- Como andam as coisas por aí?

- Aqui está tudo bem!

- E a criança como está?

- Está bem! Demos um nome a ela? Victor! Para sugerir vitória!

- Entendi!

- Ela reagiu bem?

- Sim! É uma criança forte! Conseguimos uma família para ela. Em alguns dias, te mando algumas fotos de como ela está.

- É um rapaz forte e robusto. Já está engatinhando.

- Que bom! Fico feliz porque ele está bem!

- Por favor! Mande-me fotos dela, assim que puder.

- Claro! Em breve vou mandar.

- Obrigado por ter ligado.

- Adeus.

- Adeus.

Desligava o sargento Alan o telefone e ficava pensativo. Devia ter especulado mais sobre a criança. “Victor”. Um bom nome. Será que descobriram a cor da criança? Que tom era aquele? E pelo que me parece é a mesma cor da criança que o sargento Manoel ficou sabendo.

***

Na tarde do dia 20 de setembro de 2030, o sargento Manoel, saindo da casa de Michele. Lhe dá um beijo de despedida: - Tchau, mais tarde eu volto, tenho que resolver uma coisa.

- Está bem! Até mais tarde.

Entrando em seu carro, ele pensa: - Que loucura estou fazendo? Ficando com a esposa do médico desaparecido. Nem se sabe se está morto ou sequestrado.

Dentro do carro, faz uma ligação, utilizando o telefone em seu carro elétrico.

- Alô!

- Alô! Irrompe a voz do outro lado.

- E ai! Como está?

- Estou bem?

- Pensou na situação que conversamos?

- Sim! Busquei algumas informações, mas não obtive resposta ainda.

- Certo! O que acha que podemos fazer?

- Temos que conhecer alguém dentro do laboratório.

- Mas acho impossível, uma vez que encerrei o processo no antigo setor em que trabalhava. E pior, eu ainda estou de dispensa médica.

- Olha! Podemos tentar pegar o resultado dos exames que ainda estão no hospital. Quem sabe pegar os resultados no laboratório Hercley.

- No laboratório é impossível, pois as entradas e saídas são controladas por um computador com inteligência artificial. Alexia. No hospital não tem esta inteligência.

- Mas já tem muito tempo, capaz de ter ido ao arquivo daquele hospital. Pois o médico sumiu, a criança não existe e a família está morta. Como você disse. Encontrou algo importante na casa do médico?

- Sim! Um número de telefone que ele mantinha contato fora do Brasil! É um número internacional. Não liguei para o número ainda, pois não falo inglês. Mas, pode ser o número que ele ligou antes de desaparecer.

- Me passe o número que vou falar com o sargento Alan, pois ele fala bem o inglês e pode nos dar uma pista.

- Certo! Vamos fazer o seguinte: Eu vou ao necrotério para ver se consigo os laudos da família Jansen e você vá até o arquivo do hospital para ver se consegue o resultado dos exames do líquido amniótico da senhora Jansen.

Manoel passou o número de telefone para Ricardo e começou a dirigir em direção ao necrotério, desligando a chamada.

Ricardo liga para o sargento Alan.

- E ai Mano! Como está?

- Estou bem! Falava o sargento Alan.

- E a Érica, como está?

- Grávida.

- Grávida? Que bom que vou ser titio!

- Estou feliz por esta informação. Que bom.

- Eu vou ser um tio chato. Falava com uma risada alta.

- Pelo visto vai ser mesmo. Mas, me diga o que manda?

- O sargento Manoel decidiu remoer o caso azul.

- Caso azul? o que é isso?

- O caso que ele falou lá no rancho do seu Antônio?

- Há sim! Caso azul! Quem deu esse nome. Dizia o sargento Alan dando risadas.

- Eu que dei o nome! Parabéns pra mim.

- Certo! Quais as novidades sobre o "caso azul".

- Ele conseguiu um número de telefone, que é internacional, pode ser o contato do médico desaparecido. Parece que o sargento Manoel está dando uns pegas na viúva.

- Há! Há! Há! Ele não perde tempo. Há! Há! Há!

- Isso é verdade. Mas, toma aí o número, anota aí. 1 904 9784123483.

- Certo!

- Vou ligar e ver o que consigo.

- E você como está?

- Eu estou bem!

- E a Míriam? Como está?

- Ela está bem! Animada! Marcamos o casamento.

- Que bom! Uma boa notícia. Cuidado com esse caso azul, pois como o sargento Manoel disse, não abra a sua boca, pois você pode ser o próximo. O sargento Manoel é experiente. Acho que ele sabe se defender. E você é ainda é muito novo de polícia e não vai saber revidar.

- Eu tomo meus cuidados.

- Tenha cuidado e cuide bem da Míriam. Ela é gente boa e não merece ficar viúva, senão já sabe né, enquanto você está comendo terra, sempre terá um gavião procurando uma vítima para se alimentar; Há! Há! Há!

- Sem graça! Há! Há! Há!

- Pois é! Esse número aí, talvez seja o número de contato do médico Lucas Melito, cuidado, pois depois da ligação o médico desapareceu. Cuidado para não desaparecer também, não ligue do seu aparelho, procure outro. Sabe como é. O seguro morreu de velho.

- Tudo bem! Farei isso. Sinal que está aprendendo o trabalho policial.

- Nada! Isso é apenas seguro.

- Manda um grande beijo na Érica, fala para ela que logo vou à casa de vocês, pois quero uma foto de vocês grávidos. Não com uma montagem e não me mande fotos dela grávida, pois quero estar na foto.

- Beleza! Quando eu ligar te retorno para dizer o que descobri.

- Beleza! Até logo.

- Até breve. Desligando assim o telefone.

O sargento Alan com o número anotado, olha e percebe que o número é bem parecido com o número do médico Colim Turner. Ele olha na sua secretária eletrônica do celular e compara os números.

- Nossa é o mesmo número. O médico mesmo na guerra atendeu o doutor Lucas Melito? Que estranho. Então pode ser, que tudo que me disse sobre a criança, pode ser mentira. Se juntar os pontos. Ele já poderia saber da criança.

O sargento Alan pensou em uma saída para saber sobre este caso e foi fazer umas ligações e rever alguns contatos que possuía fora do país, para verificar se poderia ser transferido para trabalhar adido em alguma unidade fora do Brasil.

***

O sargento Manoel chega no necrotério e ainda dentro do carro, pensa como entraria sem registrar sua entrada e saída. Uma vez que todos os órgãos públicos e privados possuíam a obrigatoriedade de registro de entrada e saída. Se fosse papel, seria fácil, mas tudo é usado ou o celular ou o cartão de identidade digital. Ele soca o volante do carro levemente e diz: - Vou ter que correr este risco.

- Tudo bem! Falava com o porteiro que conferia cada pessoa que chegava na portaria.

- Pode me dar seu cartão? Falava o segurança da portaria com cara de poucos amigos.

- Sim!

- Seja bem-vindo! Sargento Manoel.

- Beleza!

No interior do prédio buscava informações!

- Boa tarde! Onde fica o arquivo?

- Naquela direção! Você vai ver na porta um cartão na parede informando, "arquivo".

Caminhando ele vê ao longe a plaquinha presa na parede: "ARQUIVO".

- Tudo bem?

- Tudo! Falava a atendente do outro lado do balcão.

- O que posso ajudar?

- Sou o sargento Manoel, preciso ver alguns arquivos para concluir um processo. Pode me ajudar?

- Me passe sua identidade, o número do processo.

- Aqui minha identidade, mas o número do processo não tenho. Tenho o nome e data da morte e o nome das vítimas. Pode ser.

- Sim! A identidade vou registrar aqui no sistema. Ela passa a identidade no leitor e aparece na tela os dados completos do sargento.
- Ok! Sargento Manoel.

- Quais os nomes que procura?

- Hans Jansen Zilberman e Juniê Jansen de Alencar.

- Certo! Só um minuto. Ela faz uma busca no sistema, atrelado ao nome do próprio sargento. E de repente, na tela abre o PDF. Aqui estão, sargento. Quer que faça um anexo ao seu nome na identidade? Eles ficarão acessíveis ao sistema em seu trabalho. Podendo fazer o impresso ou pode fazer o download pelo próprio sistema.

- Pode sim! Mas me dê uma cópia impressa. Porque preciso ler no caminho ao trabalho.

- Certo! Pode pegar na impressora do corredor! Mais alguma coisa?

- Não, não! Muito obrigado.

Pegando as cópias na impressora, continua a caminhada até ao carro e registra sua saída na portaria, já dentro de seu carro.

Parando em uma praça, ele continua dentro do carro e começa a ler as informações sobre a autópsia. Após ler, liga para o Ricardo.

- Alô!

- E ai! Sargento!

- E ai! Estou te ligando, pois consegui o resultado das autópsias do casal!

- Sério? E não teve problemas?

- Não! Mas tive que registrar no sistema a minha entrada e saída, inclusive incluir a busca da minha identidade. Acredito que o servidor deve ter aí o registro de minha entrada e saída e inclusive os arquivos em PDF anexados a minha ID.

- Eu ainda não consegui os arquivos no hospital. Liguei lá e marquei para ir em outro dia.

- Certo! Quero ver contigo se podemos nos encontrar em sua casa, para podermos entender o que aconteceu na autópsia.

- Tudo bem! A Míriam estará na minha casa. Mas não se preocupe. Está tranquilo. Te aguardo.

- Beleza.

***

Após o banho com Michele, Manoel fala para ela que precisa ir até a casa de Ricardo e deve demorar para voltar e segue para a casa dele.

Eles leem os resultados da autópsia e observam os detalhes e a forma dos desenhos apresentados nos papéis e tentam encenar como estes tiros se deram.

Ele vê o formato das perfurações e tenta imitar a posição de como a arma estaria na boca do senhor Hans.

- Pelo formato do tiro a arma deveria estar assim.

Percebendo que o trajeto do projétil está em horizontal e não na vertical. Gerando uma dúvida. Ele faz uma busca na Internet sobre as formas de suicídio encontradas e as motivações. E percebe que as pessoas quando dão um tiro na boca, geralmente o disparo é feito de baixo para cima, pouquíssimos são os casos que o disparo é feito em linha reta.

- Caraca sargento. Falava Ricardo. - Somos quase uns CSI's.

- Cara! Pelo que mostra aqui no resultado do legista, ele não se matou, ele foi assassinado.

- Com certeza!

- E ninguém foi atrás. Isso parece filme. Disse Ricardo.

- Por isso não podemos vacilar. Viu o que aconteceu. O médico sumiu, a família assassinada, minha viatura jogada para fora da estrada e não há sinal da criança.

- Verdade! Estamos diante de quê? Parece ação da máfia. Como nos filmes.

- Isso está sem pé nem cabeça. Completava a fala o sargento Manoel.

- Pelo que aponta os resultados do legista, ele estaria sentado e foi alvejado com uma curta distância. Se fosse um suicídio estaria com marcas de queima-roupa, pelo que consta aqui foi a uma distância de 15 centímetros ou mais. Certeza de assassinato.

- Verdade Sargento!

- E agora? O que fazer?

- Faltam os exames de laboratório sobre a análise do líquido amniótico.

- Verdade! Algo sobre o número de telefone?

- Sim! Pelo que meu irmão disse. O número que você passou é o mesmo do médico que ele entregou a criança, lá no conflito entre Suécia e Rússia.

- Caramba! Fica mais complexo a história. Ele ligou?

- Não! Comparou os números e pimba! Era o mesmo número do médico.

- Meu filho! Fica mais complexo ainda! Que rolo será esse? Tem algo haver com uma guerra biológica? Uma mutação? E porque não querem que ninguém saiba? Pena não sermos uma polícia avançada, se não, poderíamos desvendar este mistério.

- Verdade! Mas por estes dias vou lá no laboratório e verificar se consigo uma cópia do laudo da biópsia. Tanto da placenta, do cordão umbilical e do líquido.

- Certo! Vou indo.

- Hã! Vai para a casa da viúva né? Estou sabendo. Ram.

- Claro né, solteiro. Ainda estou vivo, né? Meu jovem.

- Certo! Vai lá sargento.

Entra em seu carro e segue para casa de Michele. No meio do caminho ele percebe que está sendo seguido. Tenta despistar o carro, porém, não consegue. Ele acelera, porém sem sucesso e o carro o acompanha.

Ele decide não ir para casa de Michele e liga para ela. - Michele, estou sendo seguido, não irei para sua casa, anote a placa do carro. Rápido. CDK3L45. Vou desligar e falar para o Ricardo.

- Ricardo? Rápido! Estou sendo seguido! Anote a placa do veículo, rápido! CDK3L45. Rápido! CDK3L45. E a chamada continua.

- Manoel? Sargento? Fala comigo! Onde você está? Fale algo seu maldito! Fale comigo porra?

- Calma! Estou seguindo para a rodovia. Ele está em alta velocidade atrás de mim, estamos passando dos 120 estou chegando na MG sentido Desterro. Ele está me alcançando, anote a placa, isso é importante. CDK3L45. Estou entrando na mata, na entrada depois do conjunto de curvas da MG 270, próximo ao KM 53 na entrada da fazenda Fartura.

Vários sons de tiros são ouvidos. O telefone fica mudo (...)

- Sargento? Sargento? Ricardo olha para o aparelho e aparece a mensagem: - Fim de chamada.

- Míriam! Estou saindo, pegaram o sargento. Ele fala apressado com ela e discando em seu celular ao mesmo tempo.

- Alô! Aqui é o policial Ricardo, preciso de um apoio. Rápido, policial sendo seguido, provável assassinato.

Não dando tempo, nem da atendente dizer a informação completa: - Qual a sua emergência.

- Rápido mande uma viatura para a MG 270 sentido Desterro primeiro cruzamento após as curvas na entrada da fazenda Fartura km 53. Estou na estrada.

- Atenção aos prefixos, tiroteio na MG 270 em direção a cidade Desterro, policial sendo perseguido, suspeita de tentativa de assassinato contra o policial. O som saia do rádio de uma das viaturas da cidade, após alguns minutos da ligação de Ricardo para a empergência.

- Copiado! Em deslocamento.

- Copiado! Em deslocamento.

- Copiado! Em deslocamento.

Ecoavam os rádios das viaturas em direção a MG 270.

Ricardo em alta velocidade seguia na MG observando o retrovisor para ver se vinha alguma viatura. E falando: - Tomara que o senhor esteja bem! Ele pedia ao rádio para ligar: "Sargento Manoel". Discando para o sargento Manoel. Dizia a secretária do carro. Número desligado e aparecia o tom de ocupado. - Que droga! Vamos Ricardo! Vamos! Ele falava consigo mesmo.

Olhando para o lado, na escuridão da noite, ele vê a placa e faz uma derrapagem e entra na via e então acelera mais.

Após ter dirigido uns 7 quilômetros ele vê os faróis do carro ligado no meio da via e diminui a velocidade. Para o carro e desce, sem desligar o motor, corre para os corpos com sua arma em punho.

Ao se ajoelhar para ver quem era, apontando sua lanterna para o rosto do cadáver, ele percebe os faróis brilhando e as luzes azul e vermelha iluminando todo o local e o som da sirene ensurdecedora.

- Parado! Polícia solte a arma! Gritou um dos policiais.

- Calma! Não atirem! Ele pondo-se de pé com as mãos para cima. Eu sou o policial Ricardo.

Um dos policiais que desceu de outra viatura e falou: - Ricardo? É você? O que houve?

- E ai! Jonatan! Sim sou eu.

- Meu amigo estava sendo perseguido até aqui.

- Vou ver os corpos.

- Este não é ele. Nem aquele. Ele chega perto do carro do sargento que está em funcionamento e com a porta aberta. Ricardo dá a volta no carro e vê o corpo do sargento Manoel caído. Ele ainda com vida e respirando fraco e cuspindo sangue.

- E ai Ricardo. Acho que dessa vez não escapo.

- Calma! Você vai ficar bem. Com os olhos com lágrimas ele segura Manoel.

- Hei! Cuidado, você pode ser o próximo. Ele tossindo com o sangue ainda por escorrer em sua boca.

- Calma! Tudo vai ficar bem! Logo vai passar. Já chorando.

- Vai sim, vai. Desfalecendo.

- Porra sargento...que merda.

CAPÍTULO VIII

Um ano depois.

Em um local secreto no subterrâneo no Estado Independente da Flórida

- Comandante!

Prestava continência o soldado que estava de vigilância na porta de entrada.

A grande cúpula das Tropas Independentes da Flórida entrou na sala de observação.

- Veja como esta criança se desenvolveu!

- É verdade! O estranho é esta cor! Parece que muda a cor de acordo com a iluminação.

- Veja estes resultados comandante! Entregando um relatório nas mãos do comandante.

- São impressionantes? Isso aqui é verdade?

- Sim! Fizemos o teste.

- Veja o que ela pode fazer!

- Mas espere! Ela está com quantos anos?

- Um ano e dez meses.

- Nossa, mas parece que é uma criança de 3 anos! Impressionante.

- E o mais incrível comandante, ela é uma criança que já conhece mais de 400 palavras. A grande maioria das crianças na idade de 1 ano e meio para 2 anos e meio, conhecem por volta de 150 a 250 palavras. Ela já conhece 400. O dobro e acreditamos que se ensinarmos mais palavras ela aprenderá. Veja a velocidade dela.

O homem de jaleco branco fala ao microfone: - Use o teste do cubo geométrico.

- Veja comandante! Este cubo tem a intenção de testar a parte cognitiva da criança, usado em fisioterapias com lesões graves no corpo. E pessoas que possuem uma disfunção cerebral severa. Quanto mais complexo, mais estimula a coordenação. Observe.

- E a mulher. Quem é?

- Tenente Talita. Foi escalada para ser a mãe da criança. Temos aqui todos os aparatos para se parecer com uma casa. Fazemos o possível para que ela cresça como se estivesse em casa.

- Certo! Falava o comandante de forma lenta observando os movimentos da criança.

Ao observarem pelo vidro o doutor pegava um cronômetro e media a velocidade que a criança montava o jogo pedagógico. Ao clicar no cronômetro marcava um minuto.

- Uma criança normal demoraria por volta de cinco a dez minutos, às vezes mais ou não conseguiria montar.

- Incrível!

- Veja como ela pega as peças e ainda monta outras coisas. Tentamos um jogo lego, que é uma montagem de cubos em formas geométricas. Por volta de uma hora ele consegue montar um quebra cabeças. Já uma criança desta idade pode demorar dias.

- Dê a ela as letrinhas e fraseie para ela palavras simples para que ela monte.

A tenente do outro lado do vidro dizia: - Pato. E a criança em pouco tempo montava a palavrinha P-A-T-O.

- Veja comandante! Crianças desta idade, quase todas não conseguem construir uma palavra, somente após aos quatro anos, quando estão iniciando a idade escolar, está, só tem um ano e poucos meses.

Ao se sentarem em uma grande mesa, em uma das salas, diante de uma grande TV, o doutor pede: - Passe o vídeo.

Na grande tela filmava a tenente Talita com a criança em uma banheira, dando banho nela, enquanto ela brincava com o sabonete. A tenente propositadamente deixa a torneira ligada para que a banheira venha encher.

Sutilmente a banheira vai enchendo e a tenente se levanta, fingindo ser displicente e esquecer a criança.

Ao observarem a banheira encher, chega uma certa hora que a água na altura dos peitos da criança, que naturalmente ela começa a flutuar e se desequilibrar. No canto da tela um cronômetro é acionado.

No momento em que a criança começa a se virar, não conseguindo ficar de pé, afunda. E o cronômetro dispara. 10s, 20s, 30s, 40s, 50s, 1m, 1m10s e a tenente Talita entra com o cronômetro marcando exatamente 1m20s, porém ela não se manifesta, desliga a torneira e o cronômetro para aos 1m30s, quando a tenente resolve tirar a criança da banheira. A criança não apresentou nenhum sinal de preocupação, não aparentava ter perdido o fôlego, como é bem comum ver nas pessoas que naturalmente buscam por oxigênio ao saírem da água.

- Um adulto. Dizia o doutor. Sem treinamento pode ficar debaixo da água em até 1m30s, variando para mais ou para menos. Com treinamento pode chegar a dois minutos, às vezes, três. Esta criança chegou a dois minutos. A cognição dela é perfeita, a resistência é ótima e o processo de cicatrização mais rápida.

- Mas e a genética desta criança? E que cor é essa?

- Seu código genético é idêntico ao nosso. A única coisa diferente é a cor azul-cobalto muito escuro e os olhos azul céu. Que ambos não são conclusivos e nem comuns. Em relação a tonalidade não temos um nome definido.

- Certo! Vamos continuar o projeto. Mas queremos estudos mais profundos sobre esta cor.

- Sim senhor! Em relação a este estudo. Já estamos pagando uma bolsa para alguns biólogos e botânicos, para investigar este efeito.

- Não quero isso espalhado pelo mundo!

- Sim! Estamos tendo o maior cuidado. Apresentamos como estudo a tarântula azul da Tailândia, o marimbondo tatu do Brasil, o besouro azul da amazônia, as flores azuis, a aranha dançante da Austrália. Nossa linha de pesquisa tem como questão: "O que faz alguns animais, insetos e plantas terem a tonalidade azul-cobalto?"

- Acredito que as universidades estão adorando o valor das bolsas?

- Sim! Com toda a certeza, pois os investimentos não são pequenos.

***

- Oi meu bem! Como estão as coisas aí?

- As coisas estão bem! E quando você volta?

- Eu volto em breve amor!

Falava o sargento Alan com sua esposa por uma videochamada pela TV da sala.

- Olha! É o papai! Érica apontando para a tela da TV e dizendo: - É o papai! Está vendo?

- Oi, minha filha! Papai está morrendo de saudades.

- Volte logo amor.

- Sim! Em breve estarei de volta. Mas, estou pensando! Você poderia vir para cá onde estou, a cidade é boa. A vizinhança também não é das piores.

- A não amor! Aqui tenho tanto apoio!

- Mas aqui também terá. Tenho bons amigos aqui também.

- Não sei!

- Vem meu amor. Ficaremos até ao meio do ano que vem! Aí voltamos para o Brasil. Prometo. Somente enquanto acabar a missão.

- Vou pensar no seu caso.

- Beijo! Pense com carinho.

- Dá tchau para o papai! - Tchau papai! Fazendo um movimento com a mão de sua filha!

A mãe falando tchau com sua voz de criança. Não exatamente um tchau, mas Alan conseguiu entender que era um.

A campainha de Érica toca e ela vai atender a porta e tem uma surpresa.

- Bom dia!

- Oi! Que bom que veio!

- Eu vim ver minha sobrinha querida! Oi! Minha lindinha! Quem é a princesinha do titio?

- Entre Ricardo!

- Oi Érica! Como vocês estão?

- Estamos bem! Estava falando com o Alan agorinha!

- E como ele está? Ele está no Estado independente da Flórida?

- Sim! Está lá. Mas me falou que não podia dizer qual era a missão. E você? O que faz aqui.

- Além de vir visitá-la, ficarei alguns dias para assistir uma palestra em que fiquei sabendo.

- Palestra sobre o que?

- Uma palestra de biologia botânica. Parece que descobriram umas coisas biológicas aí.

- Não vai me dizer que tem a ver com o caso azul!

- Ricardo deu uma risadinha sem graça. - É! Mais ou menos.

- O Alan não falou para você deixar isso em paz! Você viu o que aconteceu com seu amigo.

- Nunca conseguimos encontrar, nem o carro e nem os culpados. Mas antes de ir, ele levou dois com ele.

- E a polícia conseguiu verificar quem eram os mortos? Porque a polícia tem acesso ao banco de dados mundial!

Ricardo dá uma gargalhada e diz: - Nada cunhada! Mal, mal temos acesso ao banco de dados nacional. Temos acesso ao banco de dados estadual ou da federação estadual, mas o nacional, só mediante senha, geralmente, só os chefes têm acesso.

- Então! Mesmo assim, o chefe pode ter acessado para descobrir de quem eram os corpos?

- Acessamos! Mas, sem registros. Nem o carro havia registro em nenhum local.

- Então deixa isso pra lá.

- Já deixei!

- Hã ram! Estou vendo.

- Nada! Eu vim aqui, mais para visitar vocês do que ir na palestra. Estarei aqui por dois dias. A palestra será depois do almoço. Já aproveito e almoço aqui com vocês e gasto a minha sobrinha linda.

- Que bom! Você já me ajuda a cuidar dela. Você fica com ela enquanto eu vou fazer o almoço. E já pode ir trocando ela, porque acho que ela fez o número 2.

Ricardo com uma cara de nojo pega a criança no colo e diz: - Vamos meu lindo fedorzinho. Fazendo uma careta.

***

Na grande tela no auditório da universidade aparecia uma imagem da bomba nuclear explodindo na áfrica, gravado por um celular.

- Como sabemos. Falava o palestrante.

"No ano de 2027, a África sofreu o lançamento de uma bomba nuclear. A bomba foi detonada na cidade de Guiné e Serra Leoa, após o conflito entre o Reino Unido e a China. Ambas querendo dominar aquela cidade. Como havia interesses entre os Estados Unidos e a China. Os Estados Unidos antes da separação dele, lançaram uma bomba nuclear para acabar com o conflito. Gerando assim o caos e a divisão das Américas. O Brasil, antes da tomada das guerras, era contra o lançamento das bombas, porém, o Uruguai aliado da Argentina e Chile apoiavam a China, foi quando outra bomba foi lançada contra o Uruguai que devastou metade do Rio Grande do Sul.

Continuava o palestrante: - Como sabemos a região nordeste do Brasil foi devastada pelo Tsunami resultante da bomba na África. Começamos a mapear parte dos efeitos devastadores da bomba naquela região e parte do que ocorreu no Rio Grande do Sul. Como sabemos, após a tomada do poder pela esquerda. Houve muitas mudanças no mundo e muitas guerras. Porém, além disso, a ciência não pára.

Em minha análise, nos efeitos botânicos, encontrei algo intrigante em algumas algas. Como já sabemos, os peixes têm uma cor azulada devido a falta de raios de sol e por serem ricos em antocianina, sendo um flavonoide que promove coloração. Em nosso ambiente, ele é o responsável que dá coloração vermelho e azul nas frutas e plantas. Porém, as anomalias apresentadas nas plantas, tem promovido luminescência em algumas algas, das quais são vistas nas imagens das algas brilhantes dos mares. E temos encontrado um aumento considerável nelas pelos mares. Antes pensávamos que a coloração era um efeito visual, nesta pesquisa estamos apontando que não é apenas uma coloração mostrada pelos raios solares ou efeitos da visão. São características materiais. A pele de algumas algas, além de fazer parte de sua composição, podemos dizer que elas são literalmente azuis".

E seguiu-se a palestra do botânico até ao final da tarde com estudos técnicos detalhados encontrados nos mares e algumas partes pesquisadas. Dizendo que não foram encontradas somente nas áreas próximas à queda das bombas.

No outro dia de sequência de palestras que demoram o dia inteiro dividido nos turnos matutinos e vespertinos. Ricardo estando atento a todas as palestras. A mais esperada era a do Médico biólogo que apresentava o estudo da Tetralogia de Fallot sendo a síndrome da criança azul.

O palestrante abre sua exposição dizendo: Na minha tese de doutorado estudei a fundo a síndrome da criança azul.

Como já é sabido, é uma deformação genética no coração. Apontando assim para o projetor e o texto exposto:

A tetralogia de Fallot que, embora seja um defeito cardíaco congênito raro, é a principal causa da síndrome do bebê azul;
A metemoglobinemia, que decorre principalmente da intoxicação por nitrato e que, mais raramente, pode ser congênita;
Outros defeitos cardíacos congênitos que fazem com que o sangue não oxigenado passe diretamente do lado direito do coração para o lado esquerdo, resultando em cianose;
Dificuldades respiratórias dos recém-natos, que podem resultar em cianose transitória.

- É um efeito de roxidão ou azulão das pontas dos dedos, lábios, pés, envolta dos olhos ou genitália. Porém, foi encontrado este efeito em uma criança natimorta, que possuía a coloração negra meio azulada, da qual não podemos dar uma definição.

Na tela foi apresentada a foto da aranha gigante da Tailândia, conhecida como tarântula azul gigante.

O palestrante segue sua exposição, apontando alguns casos onde os flavonoides são responsáveis em promover esta coloração nas aranhas e alguns insetos. E relata que algumas destas anomalias, quando geradas em humanos, podem acarretar morte ou fraqueza em sua cadeia genética.

Ricardo estava vidrado na palestra do Médico Biólogo quando viu nos slides a foto da criança morta.

- Então tinha esta aparência da criança do caso azul. E pensou: - Será a criança desaparecida? Rapidamente ele pega o celular e tira uma foto da tela.

E seguiu a palestra com várias exposições técnicas que ele não entendeu muito bem deixando várias dúvidas, pois foram tantas palavras que foi quase impossível entender o que ele explicava:

*METEMOGLOBINEMIA CONGÊNITA ASSOCIADA A CIANOSE CENTRAL INSUSPEITA**

Metemoglobinemia congênita pode ser herdada de forma autossômica recessiva:
1. deficiência enzimática de citocromo b5 redutase (cB5R) que converte a MTH para hemoglobina através da redução do Fe+3 em Fe+2 do heme – causa mais comum;
2. deficiência de citocromo b5 – rara; ou autossômica dominante – presença de Hemoglobina M, que estabiliza o ferro do radical heme no estado oxidado Fe+3. Manifestações clínicas estão relacionadas a diminuição da capacidade carreadora de oxigênio acarretando hipóxia tecidual. O quadro de cianose central, em geral, é o principal sinal e pode ser observado precocemente. Jovens e sem anemia geralmente são assintomáticos com níveis < 15% (VR < 1%). Valores de 20-30% causam sintomas como cefaleias, alteração do estado de consciência, tonturas ou síncope e > 50% podem ser fatais. O padrão ouro para o diagnóstico de MTH é a co-oximetria. O tratamento depende dos níveis de MTH e da sintomatologia apresentada. Nas formas congênitas poderá apresentar grandes elevações do seu basal por infecções intercorrentes. Assim, o tratamento consiste na abordagem da situação desencadeante e administração de oxigênio suplementar. Na presença de sintomas moderados/graves deve considerar-se a utilização de azul de metileno, suporte transfusional

Após várias explicações técnicas de biologia sanguínea, ele fala especificamente do "espécime" ou criança natimorto, em que a mãe morreu no parto. Apresentando que o código genético é igual ao nosso, sem nenhuma alteração, porém algumas diferenças marcantes, os pulmões são um pouco maiores, a composição óssea mais rígida do que a nossa, olhos normais, porém mais marcantes, por ter a coloração azul céu.

Conversando com outras equipes médicas, foi dado o nome subjetivo que sua cor poderá ser chamada de Noturno. Homenagem aos super-heróis X-Men dos anos oitenta, que fizeram sucesso na década de 20.

Algumas pessoas da plateia sorriram e alguém falou no meio da turma. Vão pagar direitos autorais por usar esse nome heim. O público caiu na gargalhada.

Ele fez um sinal de calma para o público e disse: - Por este motivo estamos ainda discutindo com o conselho se o nome será este mesmo. Pois não queremos comprar o direito do nome, pois a Marvel poderá mover uma ação de direitos. O conselho está vendo isso. Podemos voltar a apresentação?

Quase em uníssono o público disse: - Claro! Vamos lá!

- Como podemos ver. Continuava o palestrante, sobre os resultados da metemoglobinemia e seus efeitos nas células do coração.

Ao final da palestra, uma frase marcou sua mente: “Podemos estar diante de uma força da natureza que está criando uma nova raça humana”.

O palestrante continuou: - Pois de acordo com alguns estudos no código genético, esta criança poderá ser a nova raça humana, após os efeitos causados pelas bombas e os efeitos tóxicos que a humanidade tem promovida neste planeta. Não se sabe ao certo e nem é possível afirmar, contudo é uma possibilidade.

Um dos alunos questiona interrompendo o professor: - Isso pode ser impossível, pois uma mutação como essa dura por volta de mais de mil anos para acontecer.

Todos os presentes no auditório, criam um pequeno alvoroço e pôde se ouvir um zum zum zum, de forma audível.

- Ele tem razão. Dizia um aluno

- Ele tem razão. Outros repetiam a mesma frase.

- Calma! Calma! Falava o palestrante.

- Em um primeiro momento o senhor tem razão, porém, diante de alguns fatos, posso mostrar uma coisa que alguns não sabem. Este elemento que está no sangue de todos nós. Como sabemos, o oxigênio é responsável pelo tamanho dos animais e com o passar do tempo temos descoberto que alguns animais e insetos tem aumentado exponencialmente de tamanho, é uma matéria um pouco distante da medicina, porém é relevante apontarmos este fato desta matéria. Está relacionado com os estudos da hemoglobina. Que está no sangue de todos nós. Conhecida como Bioquímica do metabolismo, ou seja, Biologia Noturno. Neste estudo aponta como houve o aumento do oxigênio na terra e a limitação do tamanho dos animais e insetos. Alimentação de pré-bióticos, dos quais nos alimentamos. A mioglobina contém ferro e é capaz de ligar as partículas de oxigênio. Que foi uma das primeiras proteínas a ter sua estrutura tridimensional resolvida por Jonh Kendrew e colaboradores nos anos 50, utilizando método de difração de raios-X. A mioglobina contém uma única cadeia polipeptídica de 153 aminoácidos e um grupo prostético protoporfirina, ferro, que liga o oxigênio. E com este efeito nos oceanos, é possível enxergar em alguns peixes sua musculatura de cor escura, como a exemplo: a baleia e alguns tipos de focas, por este motivo, além da falta de oxigenação e falta de luz solar alguns tem cores marrons, azuis ou pretas. E este efeito tem saído das águas e encontrados em alguns insetos. Como é o exemplo do maribondo tatu do Brasil Synoeca cyanea e a grande descoberta de 2015 de uma das espécies da tarântulas que tem coloração azul, que foi catalogada como uma nova espécie. Contudo, diante destas novas espécimes de insetos, podemos concluir que a terra está passando por uma mutação, lenta, mas uma que continua constantemente. E é a primeira vez que esta mutação pode estar alcançando os humanos e provavelmente os animais. Muito obrigado pela presença de todos.

Ao final todos aplaudiram o palestrante. Começando a se levantarem e cercarem o palestrante com várias questões. Ricardo, indo de encontro a ele, no meio da multidão, não consegue chegar e muda sua estratégia. Segue para o corredor de saída, esperando falar com o professor.

Vendo que haviam poucos alunos, consegue se aproximar e se apresenta: - Tudo bem Doutor? O professor continua andando e Ricardo o acompanha e diz: - Sou policial do Estado da Federação de Minas e gostaria de fazer duas perguntas: O senhor pode me ajudar?

- Policial? É médico?

- Não! Sou investigador?

- Investigador? Mas um investigador está assistindo aula de biologia? Algum caso de difícil solução? Se for está aqui meu cartão. Faço serviços à parte para ajudar.

- Não, não é bem isso. Eu tinha um caso sobre este tema chamado caso azul. E gostaria de saber sobre aquela foto da criança noturna. Pode me dizer onde foi encontrado a criança?

- Infelizmente isso não posso revelar. Desculpe! A segunda pergunta? Pois estou com pressa. O professor na porta do carro.

- Sim! Ricardo pensou bem: - Existe a possibilidade de existirem outras crianças com estas características?

- Sim! Foi-me passado somente essa! Quero dizer? Encontramos somente essa.

- Ok Doutor! Obrigado! Ricardo se despedindo, caminhando em outra direção e dizendo: - Então era real a criança! Manoel não estava inventando, tudo era verdade. Mas está aí: “o que foi me passado”! Esta história está mal contada.

Ricardo volta para casa de Érica. Ambos conversando na sala ele apresenta a foto apresentada na palestra.

- Meu Deus! Que cor é essa?

- O doutor disse que a cor é Noturno.

- Segundo ele, pode ser uma nova espécie de raça humana.

- Noturno! Olhando para o horizonte, Érica ficava pensativa.

CAPÍTULO IX

Em um hospital, o exército independente da África, entrava no hospital. E vários carros com diversos militares, dois caminhões repleto de soldados e mais um blindado e outros dois carros de militares.

Pessoas com roupas contra radiação, lacravam ao redor do hospital e no corredor para a chegada ao berçário.

- Todos para fora! Agora! Um militar forçando a saída de todos daquele corredor.

Os soldados faziam a retirada das pessoas do berçário do hospital.

- Por aqui! Por aqui!

- O senhor não pode fazer isso!

- Posso sim! Dizia o comandante, ao empurrar o médico obstetra.

- Já estou fazendo.

- Temos que ajudar estas pessoas e são apenas crianças, como ficarão as mães destas crianças?

- Não importa o que elas acham, devemos cuidar de todo o nosso povo.

Os militares abriram alas para os técnicos com roupas de proteção radioativa.

Todos daquela ala eram afastados bruscamente. Outros militares usavam o uniforme das forças independentes da Flórida.

Várias pessoas com aparatos médicos e máscaras brancas, arrastavam sete carrinhos de bebê com proteções ainda dentro de suas incubadoras. Todos paramentados com luvas, botas, máscaras de oxigênio e roupas contra risco biológico.

Em um grande carro, subiam as crianças presas em caixas de vidro e eram colocadas uma a uma em um grande caminhão com uma rampa aberta.

O último militar, com capacete e máscara de respirar, antes de embarcar, ainda em cima da rampa, faz um sinal de pronto para o motorista seguir em frente, acionando um mecanismo para subir a rampa. No caminhão, em sua lateral, existia um grande símbolo: "Risco biológico".

Sem muita explicação todos foram entrando em seus veículos e se afastando do hospital.

***

O caminhão embarcava no avião cargueiro, não havendo desembarque nem do avião e, muito menos dos caminhões. Após o grande caminhão subir a rampa, a porta lentamente se fechava.

- Comandante Midala!

- Sim! Respondia pelo rádio.

- Então! Tudo certo?

- Sim! Acabaram de embarcar.

- Ok! Confira sua conta! A outra parte do dinheiro já está lá.

Antes de terminar a ligação: - Preciso de mais um favor!

- Sim! Com este valor até dois.

- Vá até Gazagazade em Camarões, detectamos mais uma anomalia naquela região.

- Certo!

Após alguns dias de viagem, a tropa chega ao ponto indicado no aparelho do comandante.

Desembarcando dos caminhões, os soldados vão desembarcando e vasculhando a cidade, porém ela aparentava estar vazia.

Nas casas, encontraram pessoas deitadas em suas camas e bem encolhidas e cobertas, como se estivessem com muito frio. Ao serem tocados, não se moviam. Os militares insistiam em empurrá-los, porém sem resposta. Ao verificarem os sinais vitais, percebiam que estavam mortos.

Um dos soldados vai ao comandante e reporta que todos estão mortos.

- Comando! Chegamos ao ponto em questão. Comandante Midala transmitindo a informação.

- Qual a situação?

- Todos mortos.

- Você os matou?

- Não! Acabamos de chegar e durante a busca constatamos que todos estão mortos.

- Foram mortos a tiro?

- Está achando que sou médico? Eu não faço ideia. Tem sua informação, pois a missão não era essa e sim verificar um novo resgate.

- Consiga um médico e me retorne, preciso de confirmações.

O comandante Midala gritava: - Tem um médico em nossa equipe?

- Sim senhor! Temos! Respondia um elemento de sua tropa.

- Mande ele ver como estas pessoas morreram.

- Sim senhor!

- Comandante! Dizia um soldado em uma das casas. - Encontramos um vivo!

- Vá até lá doutor e me traga boas notícias! Aguardava o comandante dentro de seu carro blindado.

- Olá! Deixe-me examiná-lo. Dizia o doutor em seu uniforme militar e sua mala com medicamentos e outros equipamentos médicos.

Enquanto ouvia os batimentos cardíacos do paciente questionava: - O que houve aqui? Sua respiração está fraca.

Respondia com dificuldade o paciente: - Não sei! Alguns dias atrás, um de nossos moradores apareceu com uma tosse muito forte, umas pessoas tossiam com mais frequência e outras muito pouco. Os sintomas foram piorando e de repente todos estavam do mesmo jeito. E foram em dias. Por não conseguir falar direito e a tosse insistente e com grande cansaço, começava a desfalecer.

- Calma! Tome isso! Vai ajudar. Dizia o médico.

Após a bebida, ele continua: - Ela se espalhou e as pessoas, com quatro dias morriam, as outras estavam tão fracas que não podiam ajudar e com o tempo, sem contar o tremendo frio. Ele começa a sentir falta de ar e não consegue falar direito, tentando respirar, forçando uma tosse.

- Ele está tendo uma apneia, me ajude a virá-lo.

O paciente fazendo força para encontrar oxigênio e o médico, com ele virado de lado, percebia que havia algo errado. Observando percebe que não havia mais vida.

Após esta morte, o médico vai até outras pessoas na casa, faz alguns testes e confirma: - Parece que todos morreram por falta de ar.

E diz em voz alta: - Parece que todos morreram sufocados? Como são todos, pode ser um vírus.

Ele sai correndo e diz: - Comandante! Junte seus homens, rápido, precisamos sair daqui. Pode ser um vírus mortal e podemos correr o risco de estarmos todos infectados.

O medo irrompeu entre alguns soldados, que começavam a passar suas mãos na areia ou limpavam em suas roupas ou corriam para os caminhões. Embarcaram às pressas. Logo, o comandante ligou novamente para seu contato.

- Temos uma provável infecção por vírus, todos morreram sufocados.

- Sufocados? Como! Sufocados?

- Não faço ideia! Não sei o que você vai fazer com isso, mas o que eu sei, é que todos aqui estão mortos e minha tropa pode estar infectada e caso algum soldado meu venha morrer, você vai me pagar o triplo.

***

Na cidade de Gazagazade em Camarões, a doutora Cleide com roupa de proteção transitava nas casas, enquanto a equipe de vigilância bloqueando as entradas da aldeia.

Cuidadosamente, ela entra em uma das casas, acompanhada de pessoas com roupas de proteção. Outros da equipe, ajudavam a colocar um corpo sobre uma das mesas, parecendo estar em decomposição.

- Este não serve. Vamos em outra casa para verificar se encontramos algum em melhores condições.

Chegando na terceira casa, encontraram um corpo de uma criança, que poderia ter por volta de dezessete anos.

- Este serve! Vamos! Ajude-me a colocá-lo sobre a mesa. Um dos ajudantes arrastava uma mesa para o centro da sala.

Outro fazia uma gravação com uma câmera, preparando um tripé e prendendo a câmera, ainda em gravação.

- Jovem, aparentando ter dezessete anos. Parece estar morto a uns oito dias ou mais. Já iniciado o processo de putrefação. Vamos abrir.

Ela colocando as mãos no interior do corpo vai tocando em cada órgão. Ao tocar nos pulmões ela percebe uma coloração diferente e supõe que possa haver uma fibrose. Ela diz: - Tem algo estranho. Os pulmões parecem estar endurecidos. Os alvéolos estão ressecados, parecem ter fibroses. Esse deve ser o motivo da morte. Coração normal. Rins Normais. Estômago normal. Pâncreas normal. Todos os órgãos parecem estar normais, somente esta anomalia nos pulmões. Abrindo um dos pulmões. Veja estes pigmentos. Tem uma coloração meio escura. Tome, embale para levarmos ao laboratório.

- Isso não é normal! Dizia um dos homens nos trajes.

- Sim! Não é normal. Podemos estar diante de uma praga ou uma endemia. Resta saber de onde veio.

- Pelo visto infectou a todos nesta aldeia!

- Podemos ir para outras aldeias para verificar se encontramos mais algum infectado.

- Muito arriscado! Não sabemos o que estamos procurando. Vamos recolher o que temos e vamos embora.

Após embalar todas as amostras recolhidas, seguiram para os carros e saíram da cidade, indo para um laboratório improvisado um pouco mais distante.

***

- Impossível. Dizia a doutora Cleide. Analisando suas amostras

- O que é impossível?

- As células estão normais.

- Como assim! Normais?

- Dê uma olhada!

- Todas estão normais.

- Não tem nada de anormal.

- Parece que as causas foram naturais.

- Pela informação do legista. Morte por insuficiência respiratória.

- Não entendi! Não tem nenhum sinal de infecção de vírus. Tudo normal.

- Vamos repetir os testes.

- Vamos analisar outros corpos para verificar se a situação dos pulmões se repete em todos.

Mais uma vez, o corpo de pesquisadores, saem para fazer buscas acompanhados dos nativos. No meio do caminho, a doutora Cleide, sugere a todos que observem se existe sinal de algum animal morto nas proximidades.

Coletaram mais material nos outros corpos que estavam enfileirados no chão da aldeia.

Voltaram ao laboratório e o resultado era o mesmo. Nenhum tipo de vírus ou infecção. Somente resultados normais. Decidiram investigar todos os corpos.

- Vamos escolher um dos pulmões para analisar detalhadamente. Dizia a doutora Cleide.

***

Em um Resort na Sicília, na Itália, uma família entra na recepção.

- Bom dia!

- Eu tenho uma reserva!

- Bom dia! Tossiu o recepcionista. Desculpe! Pode me dizer seu nome. Tossiu mais uma vez.

- O senhor está bem?

- Sim estou! Só uma rinite, vai passar!

- Pode me dizer seu nome.

- Rubens.

- Sim, achei! Está aqui. Continuou com uma tosse um pouco mais forte.

O senhor Rubens fez uma careta e a esposa começa a afastar as crianças, acompanhada de uma careta.

- É melhor o senhor cuidar dessa rinite aí, pois pode piorar.

- Já estou tomando um medicamento para curar!

- Devido a alguns afastamentos em nosso resort não temos funcionários para levar suas malas até ao quarto.

- Tudo bem!

- O seu quarto é o 40, aqui estão as chaves!

O senhor Rubens pega as chaves com a ponta dos dedos e com uma cara de nojo.

- Tudo bem! Vamos! Arrastando a mulher e as crianças.

Sua esposa comenta: - Nossa a cada dia está ficando pior o atendimento. Esse homem não podia estar trabalhando, nem sei dizer exatamente, se é ele que quer trabalhar doente ou o patrão que não aceita que ele fique de folga.

Ao destrancar a porta do quarto observam o silêncio nos corredores. Um de seus filhos, já adolescente, comenta: - Vou trocar de roupa e vou para a piscina curtir um pouco e aproveitar o calor.

- Leve seu irmão! Falava a mãe com um olhar de reprovação!

Michel, chegando na piscina, vê que o lugar está vazio e fala para o seu irmão: - Está aqui é a minha piscina, você fica com aquela. Seu irmão olha para a piscina, que é um pouco menor, porém não tão pequena, dá um sorrisinho com o canto da boca e sai correndo e dá um bom pulo na água.

O senhor Rubens, após deixar suas malas e sua esposa organizar metade de sua bagagem, resolvem sair para conhecer o hotel. Andando nos corredores e em vários lugares, estranham que o lugar esteja extremamente vazio.

Eles param para ouvir o ambiente e percebem que está um silêncio extremo: - Será que estamos fora de temporada?

- Não amor! Não acredito! Acho que chegamos cedo demais.

- Será meu bem!

- Pode ter certeza que sim! Vamos curtir, amor! Não se preocupe! Em breve todos chegarão. Temos um hotel totalmente para nós.

E continuam andando observando as salas e os lugares do resort. Ao chegarem no restaurante, sentam-se para uma refeição. Durante algum tempo, observam que não veio ninguém atender e a demora lhes pareceu um tanto estranha. A esposa do senhor Rubens comenta: - Meu Deus! Que lugar horrível para ser atendido. Será que todos estão igual ao recepcionista?

- Não sei amor! Disse o senhor Rubens com um pouco de dúvida.

- Vai lá amor! Resolve isso, porque não foi barato vir pra cá.

- Espere um pouco, logo eles virão. Completa o senhor Rubens.

Após mais alguns longos minutos, ele diz: - Isso está demorando mais do que o normal. E se levanta para ir ao balcão. Observa que não havia ninguém e vai entrando e vendo que tudo está bem organizado. Todas as coisas em suas prateleiras, extremamente limpas. Porém, totalmente vazio, não se via uma única alma viva.

Ele volta para a mesa, fala para sua esposa que tudo está totalmente vazio e pede a ela para que se levante e diz: - Tem algo errado. Vamos ao recepcionista.

Chegando na recepção, tocam o sino várias vezes, ele insiste e não aparece ninguém.

- Será que ele foi embora?

- Não sei!

- Amor! Espere amor! Não faça isso! Amor! Não! Segurando-o pelo braço, para que ele não dê a volta no balcão.

- Me solte! Se soltando e segurando suas mãos e se afastando dela. Tenho que ver o que está acontecendo!

- Não amor! Pode ser perigoso! Ou contagioso! Amor!

Ao dar a volta e entrar pelo lado interno do balcão, fica no lugar do recepcionista, fica de frente para sua esposa e diz: - Aqui está tudo muito organizado, parece até que, aquele cara que estava aqui, deu uma boa limpada aqui. Ele passa o dedo e vê que tudo está extremamente limpo.

Tenta mexer no computador porém na tela aparece: "Lance a senha".

Ele diz: - É amor! No computador não tem como ver se tem mais alguém aqui! Ele olha ao redor e busca com os olhos e percebe um claviculário que estão faltando várias chaves. Ele começa a vasculhar e vê o nome. Cópias. Abre a porta e observa atentamente que é exatamente igual ao claviculário que está logo acima, porém está completo. Escolhe aleatoriamente duas chaves e sai do balcão, vai ao encontro de sua esposa, que lhe esperava aflita olhando para os lados. Não percebendo que ninguém chegava, nem pela entrada e nem pelos movimentos no saguão do resort ou pelos corredores.

- Parece que alguém deu uma geral aqui, não tem um pingo de pó. Ele pega as chaves de dois quartos e toca mais umas dez vezes na campainha em cima do balcão, que ressoa em eco por toda a sala.

Ele e a esposa vão até a área da piscina e vêem como tudo estava vazio. E vêem seus filhos dando piruetas nas piscinas, contudo, tudo estava vazio, vendo seus filhos sozinhos em toda aquela imensidão.

Com as chaves em suas mãos, segura as mãos da esposa e resolve ir até aos quartos puxando-a.

Nos corredores, olhando os números das portas, uma a uma, até achar a porta indicada nas chaves.

- É aqui!

- Meu amor! Podemos ser pegos!

- Calma! Estamos apenas conferindo o que está acontecendo.

Ao abrir a porta, observa o tamanho do quarto e vai entrando e falando: - Serviço de quarto. Olá! Alguém! Serviço de quarto. E aumenta a voz! Serviço de quarto. Ao chegar no quarto, a surpresa. Duas pessoas deitadas como se estivessem dormindo, bem enroladas. Como se estivesse com muito frio. Um homem virado para a esquerda e uma mulher voltada para a direita, ambos envoltos em suas cobertas. Ele olha para eles e diz: - Oi, tudo bem! Serviço de quarto.

Sua esposa pega em seu braço e faz um sinal de silêncio e comenta sussurrando: - Estão dormindo!

- Acho que não!

Ele fala gritando: - SERVIÇO DE QUARTO.

O casal nem se move.

- Ele chega mais perto bem ao lado do casal, do lado do homem e grita perto do ouvido: - SERVIÇO DE QUARTO.

Eles nem se movem. Então decide tocar no corpo e sacudir para fazer o homem acordar. Percebe que ele não se move. Coloca os dedos no pescoço do homem e não há pulso. Ao perceber isso, vai para o lado da mulher e faz o mesmo procedimento e percebe que ela também está sem pulso. Não falando nada para a esposa, pega em sua mão e sai arrastando ela para fora do quarto.

- O que foi! O que foi!

- Precisamos ir ao outro quarto.

- Me diga como eles estão. Pare de me arrastar. Solte o meu braço.

Ele chega ao outro quarto, com as mãos tremendo e abre a porta e vai entrando bruscamente e vê na sala uma pessoa deitada enrolada no sofá como se estivesse dormindo e bem aconchegada, parecendo estar com frio somente com a cabeça de fora.

Não perde tempo e vai direto para tocar no ombro da pessoa deitada e percebe que ela está imóvel. Toca em seu pescoço e não percebe palpitação nenhuma. Ele sai e vai ao quarto e vê a mesma cena, desta vez estão abraçados com seus rostos voltados para cima. Faz a mesma coisa, toca no pescoço da mulher e também não percebe palpitação.

- Estão mortos! Todos mortos! Olhando para sua esposa.

- Não, não devem estar, devem ter tomado algo! Não pode ser. Olhando para ele com as mãos em sua boca.

- Vamos ao quarto dos funcionários! Vamos. Arrastando-a mais uma vez pelo braço.

Chegando a ala dos funcionários. Leem a placa. “Reservado aos funcionários”. A porta parece emperrada, ele a força. Se afasta um pouco e empurra com mais força e ela se abre. E percebe que ela tem um mecanismo que força a permanecer fechada. Ele vai entrando e sua esposa o acompanha, vendo quatro beliches, todas estão ocupadas com pessoas na mesma situação. Embrulhadas em seus cobertores como se estivessem com bastante frio. Chega próximo delas e não vê movimento. Toca no pescoço de cada uma e não sente palpitações. No último ocupante: - Veja! É o recepcionista. Ele toca em seu pescoço e diz: - Sem palpitações!

- Meu Deus! Estão todos mortos! Repetindo várias vezes.

Sua esposa em um surto começa a gritar e a chorar dizendo: - Estamos mortos! Estamos mortos! Seu marido tenta tocá-la e ela se afasta e diz: - Não toque em mim! Não toque em mim! Com movimentos repetitivos se limpando e saindo correndo porta afora.

- O que aconteceu neste lugar?

- Saca seu telefone e liga para emergência.

***

Em algumas horas o local estava repleto de policiais e a família de Rubens, sentados no hall do resort.

- Tudo bem!

- Tudo bem! Eu sou Rubens e essa é minha família.

Uma ambulância chegou acompanhada de outras viaturas.

- Eu sou o policial Vicenzo! Responsável por esta operação. Vocês estão bem? O senhor que ligou! Pode me dizer o que aconteceu aqui?

Uma médica examina a esposa e vai passando para o senhor Rubens, enquanto o policial conversava com ele sentando-se em um sofá.

A esposa de Rubens chorava copiosamente.

Os policiais pegam as chaves de todos os quartos e vão abrindo porta a porta de cada quarto ocupado e a cena é a mesma, todos parecem dormir, porém mortos.

Um dos policiais encontra uma pessoa em um dos quartos respirando muito mal.

O policial Vicenzo, escrevendo em uma agenda, enquanto falava com Rubens, o rádio interrompe a conversa.

O policial Vicenzo faz um sinal de pare com sua mão e ambos escutam atentamente o rádio.

“Encontramos um vivo no quarto 100, venha até aqui”.

- Encontraram um vivo, tenho que ir até lá. O senhor está em boas mãos. Tudo vai ficar bem.

O senhor Rubens segura as mãos da socorrista e diz: - Vou também, preciso saber o que houve. E você também deveria vir. Exortava para a socorrista.

Foram correndo e o rádio ecoou: - Venha logo, pois acho que estamos perdendo ele. Todos saem correndo, o policial e o senhor Rubens em direção ao quarto, acompanhados por uma socorrista e sua mala de primeiros socorros.

A socorrista toma a frente e diz: - Deixe-me examiná-lo.

Enquanto a socorrista ouvia os batimentos cardíacos, o policial questionava: - O que houve aqui?

Com a respiração ainda fraca, diz de forma lenta e compassada: - Alguns dias, começaram algumas tosses em todos aqui no resort, não sabíamos muito bem, mas todos estavam com uma espécie de pigarro.

E retomava o fôlego enquanto falava. Alguns com tosses muito fortes e outros um pouco menores. Estou com frio, pode me cobrir?

O socorrista diz: - Sem sinal de febre! Os batimentos estão fracos, mas a respiração? Tem algo estranho! Parece que está tendo uma apnéia, não sei, precisamos deslocá-lo para um hospital urgente.

- Ok. Dizia Vicenzo. Mas antes deixe ele falar mais um pouco. Pode ser?

- Melhor não! Pois ele pode, não resistir.

No rádio, o policial, a distância, pede que a equipe traga uma maca e um respirador artificial.

- Ele está tendo uma outra apneia, me ajude a virá-lo de lado. Falava a socorrista. Vicenzo. Melhor o senhor não insistir no questionário. Vamos levá-lo para o hospital urgente.

- Certo! Depois faço as perguntas, quando ele estiver bem.

Enquanto Vicenzo falava, chegavam os outros paramédicos com a maca e um respirador, colocando diretamente no rosto do hóspede começando a desacordar.

- Rápido! Vamos levá-lo. Com licença! Rápido.

- Será que estamos diante de uma epidemia? Como ocorreu em 2019 no mundo com o Covid19? Falava o senhor Rubens.

- Não sei! Respondia o policial Vicenzo.

Um dos policiais ao redor tapava sua boca e se afastava.

- Vamos alertar a saúde sanitária para examinar o local.

Em algumas horas, chegaram vários carros ao resort com aparatos de proteção.

- Atenção senhores! Falava um deles. Todos que estiverem aqui devem seguir para uma quarentena. Vocês serão acompanhados, entrem no ônibus, vocês seguirão para o ginásio e farão testes, serão vacinados contra o Covid19. Fiquem calmos e logo, logo serão liberados.

Na entrada do ônibus uma deles com o teste covid rápido fazia o teste de coloração.

- Negativo! Entre.

- Negativo! Entre.

- Negativo! Entre.

- Negativo! Entre.

- Negativo! Entre.

Dentro do ônibus mais um teste. As pessoas iam se sentando e um a um era usado uma pistola de temperatura.

- Normal.

- Normal.

- Normal.

- Normal.

- Normal.

E o resultado negativo para covid19 e temperatura normais para todos os ocupantes do ônibus.

De dentro do ônibus o jovem adolescente, filho do senhor Rubens observava os técnicos com suas roupas de proteção colocando os corpos no interior dos rabecões.

- Atenção! Avisem suas famílias. Pois a partir de agora vocês estão em quarentena até saírem os resultados.

- Quase todos pegaram seus telefones e começaram a ligar para suas famílias.

- Alô! Mamãe. Falava um dos policiais.

- Redação! Do outro lado da linha!

- Oi! Mamãe!

- Sim! Estou de quarentena. Viemos atender uma ocorrência no Resort e nos deparamos com vários mortos no local e a saúde sanitária decidiu nos colocar em quarentena. Estamos indo para o ginásio da cidade para ficarmos acampados lá. Não se preocupe. Estamos bem.

Na redação a atendente rapidamente pega um papel, escreve os detalhes e repassa para o chefe e diz: - Veja esta história!

***

Uma repórter solitária de máscara e sua equipe, filmavam o local, para logo após, mandar ao jornal. Ela ao longe, com medo de ser infectada, ensaiava uma fala para a câmera.

Na câmera do cinegrafista, filmava os policiais e a família do senhor Rubens entrando no ginásio sendo escoltados por pessoas com roupas de proteção.

- Em fila! Em fila! Entrem no ginásio.

Outro carro se aproximava com outras pessoas munidas de maletas com frascos de coleta de sangue para realizar retirar sangue dos prováveis infectados.

Ao ver uma pessoa indo em direção a um dos veículos a repórter se aproxima e questiona: - Pode me dizer o que está acontecendo?

- Ainda não! Não sabemos exatamente. Encontramos vários mortos em um resort e não temos nada ainda. Só sabemos que não é uma nova pandemia. Porém, estamos tomando todos os cuidados. Cuidado, minha roupa pode estar infectada. Você já corre o risco de estar infectada.

A repórter com medo, se afasta: - Obrigado pelas informações.

Na internet um espectador fala a respeito: - Atenção a polícia encontrou várias pessoas mortas em um resort e desconfia de uma infeção assustadora que pode matar bilhões de pessoas automaticamente, neste mesmo momento você pode estar infectado e morrer de mal súbito instantaneamente, cuidado pois você e seu vizinho pode estar infectado e morrer agora mesmo.

Enquanto falava, passava um vídeo com imagens em movimento dos paramédicos com roupas de proteção e os policiais andando em fila para dentro do ginásio.

Continuava o autor do vídeo: - Veja como eles estão se escondendo, você pode morrer a qualquer momento. Autoridades acreditam que um vírus mortal pode matar todos de hoje para amanhã repentinamente, tome cuidado, todos morreremos. Terminava o vídeo com seus gritos e um sinal de morte: - Cof! Cof! Acho que já estou infectado. Arrgh! Cof! Cof! Tome cuidado ao ver as pessoas ou tocar nelas você pode ser o próximo.

- Mais um maluco com seus vídeos. Acho que nem sabe o que está dizendo. Dizia uma adolescente ao assistir o vídeo em sua rede social, no intervalo da escola.

- Quando foi mostrar a outras pessoas, ao atualizar a página, de repente aparecia a mensagem: "Este vídeo não está mais disponível, consulte as diretrizes da comunidade".

- Estava aqui agora mesmo e olhe a mensagem que apareceu! Um maluco disse que tem uma doença mortal espalhada em um resort e parece que todos na Sicília estão infectados e todos morreremos imediatamente!

***

Após 10 dias de quarentena e um conjunto de questionários diários, para saber se alguns dos que estavam em quarentena aparentavam ter algum sintoma estranho. Uma técnica de laboratório quebrava o silêncio no interior de uma sala bem afastada do ginásio: - Impossível! Veja os resultados! Nada! Eles não tem nada! Confira os resultados! Nem covid19! Nem rubéola, nem sarampo, nem dengue. Nada! Nenhuma doença infecciosa. Radiação. Nada. Estão totalmente saudáveis, a não ser por um desnível aqui ou ali de glicose, colesterol, triglicerídeos, mas, em relação a uma provável infecção, nada.

- Como pode? E aquele tanto de mortes no hotel? Isso é impossível. Doutor, olhe os resultados! Todos estão sadios. Dizia uma técnica pegando os resultados de todos os exames e comparando-os e aponta-os em direção ao doutor na sala.

- Graças a Deus que eles não tem nada! Melhor do que termos uma nova epidemia! Não acha?

- É! Bem! Não sei! Falava a jovem, meio sem graça.

- Ou você acharia melhor que tivéssemos outra história como na década de vinte?

- Não! Nem pensar! Minha mãe falava muito do que ocorreu em 2019 a 2021. Nem pensar.

- Vamos dar a boa notícia a todos. O doutor se levantava para sair do laboratório e ir para o ginásio para dar as boas novas.

Chegando no ginásio sem roupas de proteção é recepcionado por várias pessoas na porta e é fechado pelo grupo de repórteres com máscaras e luvas perguntando: - Já temos muitas mortes? Quantos dentro do ginásio já morreram? É uma pandemia maior do que aconteceu em 2021? O senhor já deu nome ao vírus? É verdade que já morreram milhões de pessoas na Sicília? Qualquer pessoa pode pegar esta doença? Estamos seguros? Uma declaração por favor?

Ele pára e olha aquela porção de microfones e o empurra-empurra. Pensa um pouco e aguarda cessar aquela chuva de perguntas. E uma repórter pergunta: - O senhor já tem uma conclusão do que ocorreu ou se a quarentena vai durar mais tempo?

O doutor faz um pronunciamento diante deles: - Calma! Vou falar! Tenham calma.

- Me observem! Perceberam que não estou paramentado?

- É verdade. Dizia um repórter em voz quase inaudível.

- Como podem ver, não há o que temer. De acordo com todos os resultados, não existe nenhuma infecção ou doença contagiosa. Muito menos um vírus mortal. Se os senhores e senhoras quiserem me acompanhar, vou dar a boa nova aos que estão de quarentena. Para declarar para todos que agora já é o fim da quarentena. Venham comigo. Rompia o corredor humano de jornalistas.

- Atenção senhoras e senhores! Tenho boas notícias. Todos estão bem. Não há sinal de nenhuma doença. Todos estão bem! Considerem-se liberados. Declaro o fim da quarentena.

Todos ficaram felizes e se abraçaram e disseram: - Estamos bem, graças a Deus. Rubens deu um longo beijo em sua esposa e dizia: - Não disse que estaríamos bem?

E começavam a sair do ginásio um a um e alguns eram interrompidos pelos repórteres que tiravam suas máscaras e luvas. Outros repórteres, inclusive, exageravam, com roupas plásticas, máscara, luvas e um capacete transparente.

***

No hospital local, na Sicília na Itália.

- Olá senhor Giancarlo! Seja bem-vindo.

Acordando com dificuldade e lentamente abrindo os olhos e questionando: - Onde eu estou?

- Está no hospital! O senhor estava em coma a dias! Uma família o encontrou no resort e os policiais, acompanhado dos paramédicos o socorreram. O médico provocou um coma induzido ao senhor, pois o senhor estava se afogando em secreção em seus pulmões. Mas agora o senhor está bem.

Ele dá um bom suspiro e pergunta mais uma vez: - E onde estão os outros?

- Não sei dizer! Desculpe! Pois sou apenas responsável em medir seus equipamentos e aplicar medicação. Vou chamar o médico para vir vê-lo. Seja bem-vindo de volta à vida.

Ele dá um sorriso fraco e fecha seus olhos.

***

- Bom dia senhor Giancarlo, somos policiais. Eu, Vicenzo e esta é a policial Ivana. Estamos aqui para saber o que aconteceu no hotel? O senhor se lembra?

- Sim!

- Pode nos contar?

- Claro! Mas antes, me digam o que aconteceu!

- Sim! No dia 13 de setembro, fomos chamados para o resort em que o senhor trabalha. Por ser um hotel afastado da cidade, demoramos um pouco para chegar! Uma família ligou para a emergência devido todos no hotel estarem mortos, inclusive os empregados. De todos, somente o senhor estava vivo. Pode nos dizer o que aconteceu?

- Não sei ao certo! A Pierina, que é uma das camareiras, estava com um pouco de falta de ar e reclamava, mas estava bem. Dizia que era apenas uma pequena gripe e estava com um pouco de indisposição, quando falava, tossia um pouco, mas nada para se preocupar. Há alguns dias ela não apareceu mais. Pois tem um ônibus que nos leva para casa ao final do dia, trazendo a outra equipe. Eu não ia embora devido trabalhar com a manutenção e dormia lá mesmo. Neste período percebi que muitos no hotel, mesmo neste calor que estávamos na época, percebi que muitos estavam tossindo. Alguns muito e outros pouco, logo depois eu também estava.

- Entendo!

- Em alguns momentos, percebi que muitos estavam andando com roupas de frio e tossindo. A médica que trabalhava lá, atendeu muitas pessoas, mas não relatou nenhum problema ou gripe. Há alguns dias, algumas pessoas estavam confinadas em seus quartos, pedindo para acionar os aquecedores. Não entendi. Até eu começar a tossir também e a sentir frio. Fui até a médica e me passou um remédio para diminuir a tosse. Não sei. Tipo um xarope. Não sei bem, tomei e tosse diminuiu um pouco, mas não acabou. Mesmo assim fiz manutenção em todos os ares condicionados, troquei todos os filtros.

- E percebeu algo diferente? Algum gás escapando na cozinha ou em algum outro lugar?

- Nada! Tudo normal.

- Tem certeza?

- Sim! Um dia! Fui a um dos quartos, entrei e a família estava dentro do quarto imóvel. Foi quando vi que uma pessoa que estava deitada no sofá suspirou e saí de fininho do quarto.

Os agentes se entreolharam e não entendiam o que ele queria dizer com aquela história.

- Com uns quatro dias o pessoal foi desaparecendo do hotel. Não saiam mais de seus quartos. Os empregados também, nos quartos desocupados. Alguns funcionários entraram para descansar e ficavam confinados lá. Não sei ao certo, mas eu também escolhi um dos quartos e fui me deitar. Só me lembro de dormir e depois com um policial me segurando e acordei aqui. E agora estou aqui com vocês.

Os policiais saem e vão até ao médico e questionam sobre os exames do senhor Giancarlo.

- Olá Doutor! O que o senhor pode me dizer sobre o paciente Giancarlo?

- Há sim! Dele! Ele chegou cianótico.

- Cianótico? O que é isso?

- São colorações azul na ponta dos dedos e mucosas. Você já viu a boca de um fumante?

- Sim! Falava Vicenzo com uma cara de dúvida.

- Se você observar bem, poderá perceber que a maioria dos fumantes tem a boca meio arroxeada. Isso quer dizer cianótico. Sinal que os lábios não recebem oxigênio suficiente e com isso dão coloração meio arroxeada.

- Entendi! Então o Giancarlo foi exposto à fumaça?

- Não é tão simples. Mas, pode ser. Não que seja isso. Mas é uma possibilidade.

- Doutor, temos mais de 60 pessoas mortas. O que descobriu?

- Veja este raio-X de tórax!

Eles olhavam para o raio-X e diziam: - Temos que ver algo diferente?

- Este é o raio-X dos pulmões de uma pessoa normal. Observe estes pontos. Mostrava o doutor com a ponta de uma caneta no quadro com luzes e a foto do raio-X. E este é o do Giancarlo quando chegou.

As imagens eram totalmente diferentes. Do Giancarlo era um pouco mais escura, porém com vários pontos claros, não possuía uma cor acinzentada como é comum nos raio-X de pulmões.

A policial Ivana diz: - O que são estes pontos mais claros?

- São os locais onde estão as fibroses. Locais que estão comprometidos, que podem precisar de remoção.

- Isso não sabemos, pensamos em ser pontos de edema ou manchas decorrente de alguma pancada, de fumo ou ele pode ter respirado um conjunto muito forte de fumaça. Um epidemiologista veio examinar, porém não conseguiu dar uma causa pontual. Não sabemos ao certo, então fizemos uma biópsia. Está aqui e o resultado. A biópsia é aquele fragmento ali naquele pote.

- Entendo! Podemos levar isso conosco? Pergunta Vicenzo.

- Sim, podem. Levem uma cópia dos resultados. O mais interessante. É que eu já vi isso!

- Onde? Questionava Ivana.

- Por incrível que pareça, eu vi em um líquido amniótico de uma parturiente. Seu filho nasceu morto. A criança tinha uma cor escura, não era negra e nem morena. Era uma cor diferente. Segundo as normas mundiais de medicina, são chamados de noturnos. É uma cor nova e foi classificada. Pois tem sido comum em muitas famílias nascerem crianças mortas nesta cor. Uma cor meio azulada.

Vicenzo diz: - Não vai me dizer que é tipo aquela cor dos super-heróis da Marvel?

- Sim! Literalmente! Tanto é assim que houve uma briga jurídica pelo fato da Marvel, lutar pelos direitos autorais do nome. Mas como é uma questão médica mundial e não uma pequena briga pelo faz de conta dos super-heróis, ganhamos e, então, o nome desta nova raça é noturno.

- Entendi! Mas mesmo assim obrigado.

- Sem problemas!

- E o Giancarlo? Perguntou Vicenzo.

- No caso dele, indicamos o uso de oxigênio, indicamos alguns tratamentos, contudo, como a fibrose está bem espalhada em todo os seus pulmões. Ele entrará na fila para transplante de pulmão. Fizemos um tratamento para tentar melhorar o desempenho dos pulmões. O corpo dele tem respondido bem, porém, dependerá da resposta de seu organismo. Mas, é uma doença incurável, ele terá que conviver com isso, contudo, devido à gravidade da fibrose, provavelmente não sobreviverá.

- Sabe como se contrai essa "fibrose"?

- Respirando pó ou outras substâncias: sílica, pó de vidro e outras espécies de pó, fumaça, cigarro, doenças pulmonares congênitas, mas a verdade é que não se sabe ao certo como esta doença se desenvolve. Existem muitas possibilidades.

- Mas como não se sabe ao certo como se contrai esta doença, como saberemos como ela evoluiu?

- Essa é a parte difícil.

- Aguardaremos os estudos do epidemiologista e, talvez, poderá dar esta resposta. Mas, como eu disse. É difícil determinar os motivos.

- Certo! Obrigado mais uma vez.

- Vamos ao necrotério verificar os corpos e conversar com a equipe médica. Falava Vicenzo para Ivana. Muito obrigado, doutor. Saindo do consultório médico.

***

- Sim! Vocês são os policiais responsáveis pela investigação do resort?

- Sim! Respondiam os policiais em conjunto, ao entrarem no necrotério e sendo recepcionados pelo diretor, após conversarem com o atendente que havia ligado para ele.

- Venham até a minha sala. Falava o diretor, enquanto terminavam de se identificar na recepção.

Já em sua sala, o diretor começa: - Não sei como explicar, mas a causa da morte em todos os que estavam no hotel foi a mesma. Insuficiência respiratória. Parece que todos tinham fibrose pulmonar severa.

- O médico do hospital nos disse a mesma coisa, porém o sobrevivente no hotel, não está tão bem quanto esperávamos, mas ainda está vivo e sob os cuidados dele.

- Isso é bastante incomum, pois a fibrose pulmonar, normalmente, acomete pessoas bem mais velhas, das quais trabalham com vidro em pó, sílica, pó de produtos plásticos, fumantes, carvoeiros. Dificilmente são encontrados em jovens ou crianças, que são casos muito raros, parece até que eles foram expostos a uma grande quantidade de fumaça ou pó, mas mesmo assim é improvável.

- Mas o que é uma fibrose? Perguntava à policial Ivana.

- Fibrose é uma espécie de cicatrização nos pulmões, por este motivo é improvável, por ser uma espécie de cicatriz.

- Como assim? Explique melhor!

- Assim! Explicando de uma forma bem superficial. Uma ferida passa por um processo de cicatrização. Este processo na pele ou em qualquer ferida, passa pelo processo inflamatório, ou seja, o sangue passa e resseca. Daí gera uma casca e depois disso a casca cai e fica uma marca. Esta é uma explicação bem simples, certo que é mais complexa, porém, para vocês entenderem é mais ou menos isso. Nos pulmões os alvéolos sofrem uma inflamação severa e, como nosso organismo passa por um processo de cicatrização, os pulmões sofrem, endurecendo os alvéolos e, com isso, tem o nome de fibrose. Que em um resumo seria a cicatrização deles, mas eles não voltam, uma vez cicatrizados, são irreversíveis. Então os pulmões vão perdendo elasticidade e dificuldade encher e esvaziar, prejudicando outros órgãos e a respiração principalmente. Sendo não diretamente uma doença, mas um efeito natural de defesa do corpo, porém traz um prejuízo maior, por não haver retorno, uma vez ressecados, para sempre ressecados.

Atônitos com a explicação médica do legista questionam: - Mas quais são os sintomas?

- Tosse seca, dificuldade na respiração, tonturas, todos decorrentes da fibrose, ou seja, os alvéolos cicatrizados dos pulmões.

- Em quanto tempo isso pode acontecer? Perguntava Vicenzo.

- Nesse caso, foi encontrado em crianças e jovens, inclusive em casais extremamente jovens, de idades de 30, 35 anos. Todos os corpos vindos do hotel estão com os mesmos sintomas. Colhemos material e encontramos isso nos alvéolos dos corpos, a mesma substância. No caso deles, parece que o processo da fibrose foi mais rápido, parece que esta substância endurece os alvéolos, sem saber exatamente o que é.

- Como assim mais rápido?

- Um processo fibroso, é como a ferida, que eu disse antes. Necessita de um tempo para acontecer, por este motivo é encontrado em pessoas mais velhas, devido a evolução da saúde, trazendo um prejuízo. A pessoa em sua juventude é exposto algumas substâncias durante sua vida, alguns tipos de pó, plástico, que venha ferir os pulmões e, esta parte agressiva, causa feridas neles e para o corpo se defender, acaba tratando de forma natural e com isso a fibrose acontece, no caso deles, poderiam estar com esta doença a dias ou anos, dificilmente o organismo faria isso em pouco tempo.

- Fizemos algumas análises, mas os resultados são os mesmos. Todos possuíam fibrose pulmonar grave. Se vivessem mais, morreriam de qualquer forma, pois não existe cura ou reversão para os alvéolos danificados. Todos eles tinham a elasticidade dos pulmões comprometidas. Como se estivessem com os pulmões cheios de gás carbônico. Fumaça, para ser mais específico. Supomos que este líquido que retiramos dos pulmões pode ser o causador, recolhemos um pouco para uma biópsia. Querem ver?

A policial Ivana tira o pote do bolso e mostra ao legista chefe e diz: - É isso?

- Deixe eu ver? Demorou um pouco observando. Sim! É isso! É idêntico? Isso foi tirado do sobrevivente?

- Sim! Devemos nos preocupar? Isso é contagioso? Devemos dar um alerta geral?

- Improvável! Estamos diante de uma causa um tanto complexa, que não está sendo provocada por um vírus ou uma superbactéria, podem ser causados por diversas coisas. Gases, sílica, pó de vidro, mofo, gases de vulcões, fumaça. Quem sabe, no local onde estas pessoas morreram pode ter um vazamento de gás tóxico? É uma possibilidade.

- Questionamos isso ao sobrevivente, que por coincidência é o funcionário da manutenção do hotel. Ele afirmou que não houve nenhum tipo de vazamento de gás ou qualquer outro produto tóxico no hotel. Mas, diante de suas afirmações podemos investigar. Vamos indicar algum especialista para verificar. Doutor! Existe alguma grávida entre eles?

- Sim! Existia.

- Pode nos levar até o corpo?

- Melhor! Levo vocês até os restos do feto retirado.

- Ao chegar em uma sala com vários vidros com fetos mergulhados em um líquido, ele aponta o local onde está a criança.

- Vejam! É este que foi retirado.

- Nossa! Falava a Ivana espantada.

- O que tem de diferente nela?

- Não conseguimos determinar, pois é um feto muito pequeno, não tem seus órgãos formados completamente, por isso decidimos guardar, em vez de dissecar.

- E essa cor?

- Pela biópsia que fizemos. Os resultados são totalmente normais. É humano. Sua cor é natural. A tonalidade é normal. Não existe nada de diferente entre nós e ele, estamos aguardando resultados do exame das células, para verificar se existe alguma alteração.

- Então! Este é o noturno? Vicenzo perguntava a si mesmo.

***

Na cidade de Gazagazade em Camarões, na África.

- Terminamos! Falava um dos legistas com as luvas cheias de sangue.

- Foi cansativo, mas a causa da morte é igual para todos. Concluía outro doutor com as luvas vermelhas. E afirmava: - Pulmões endurecidos com vários pontos com fibrose.

- Não encontramos nenhum tipo de doença ou vírus que possa ter causado várias mortes ao mesmo tempo. Dizia o doutor Jonathan ao se afastar de um dos corpos.

- Devemos investigar! Dizia a Doutora Cleide.

- Mas a causa da morte é explícita! Pulmões estão com partes endurecidas e com várias cicatrizes.

Dois médicos legistas começaram uma discussão sobre os fatos e apontavam hipóteses.

- Podemos estar diante da mesma causa que aconteceu em 1986 aqui em Camarões, bem na fronteira, em que um vulcão submerso causou um tsunami no lago Nyos e morrem mais de duas mil pessoas, inclusive gado, por causa da emissão de gases.

- Não sei, aqui onde estamos não é uma área vulcânica, pois esta área está mais próxima do mar, e não estamos assim tão perto.

- Não esqueça que em 2027 houve a explosão de uma bomba nuclear próximo ao mar, que com o efeito colocou parte do nordeste do Brasil debaixo d'água.

- Como pode ser possível? Pelo que sei, a fibrose não acomete crianças, por ser uma doença "meio rara". Levantando as mãos e fazendo uma espécie de aspas com as mãos. E outra coisa, a fibrose, geralmente, só acomete adultos maiores de cinquenta anos. A maioria destas pessoas não chegam a cinquenta anos, sem contar o nosso primeiro corpo, que foi uma criança de 17 anos. Improvável ser uma fibrose.

- Não sei! Mas veja aqui nas autópsias. Todos têm seus pulmões comprometidos. E como pode ver, estão aqui as provas. Falava o doutor com um pulmão nas mãos, apontando os vestígios das fibroses.

- Não sabemos quais foram as causas para esta fibrose coletiva? Perguntava outro legista.

- E estes pontos azuis? Quem sabe este líquido que está grudado nos alvéolos pode ser o causador?

- Antes de entrarmos nesta discussão, vamos encerrar. Além de estarmos cansados, devemos coletar o que for possível para análises mais profundas, devemos fazer testes nas células para determinar. Em vários corpos foram encontrados este líquido estranho. Dizia uma das legistas, chamando a atenção dos outros.

- Vamos juntar tudo e vamos discutir sobre isso no laboratório. Dizia a doutora Cleide. Vamos para casa e, lá, com mais calma. Estaremos mais descansados e prontos para uma análise mais profunda e com mais detalhes.

A doutora Cleide fala com o chefe dos militares.

- Ligue para as autoridades locais e avise que estamos deixando o local. Em primeiro momento pode dizer a ele que a área está liberada, não existem motivos para isolar a área ou interditá-la.

Um dos líderes do acampamento fazia algumas ligações para realizar o desmonte e liberação dos corpos.

***

Alguns dias depois, na sede da Forças Independentes da Flórida

A Doutora Cleide se reunia com sua equipe de legistas, em uma grande mesa redonda em um auditório, com vários espectadores, alunos, líderes das federações americanas, abriram para que houvesse uma discussão livre.

Na mesa, no palco do auditório, alguns dos legistas que participaram da operação em Gazagazade. A doutora Cleide presidiu o debate.

Atrás da grande mesa, havia um grande telão e em cima das mesas um microfone para cada participante, que eram apenas 10.

O orador orientava como seria a apresentação: - Senhoras e senhores, solicitamos a todos que solicitem a sua participação para os auxiliares que estão nos corredores. Mas gostaríamos que assistissem com atenção a apresentação que vamos iniciar.

Ao iniciar sua apresentação, começa falando a respeito do povo de Gazagazade e aldeia com várias pessoas mortas, apresentando no vídeo partes da cidade como foi encontrada.

Logo após apresenta a autópsia realizada no garoto de 17 anos, neste ponto ela paralisa o vídeo e apresenta a retirada do pulmão e comenta: - Este é o foco de nossa palestra.

- Os pulmões apresentavam uma anomalia, todos tinham fibrose, que é um tanto incomum, pois, como é notório para a grande maioria, a fibrose, geralmente, ocorre aos 50 ou 60 anos de idade, por ser uma doença que não tem causa aparente e, dificilmente, tem causa única. O avanço desta doença, pode ser causada por exposição excessiva a alguma espécie de pó, especialmente a sílica ou ao pó de vidro. Dificilmente uma criança desenvolverá esta doença. Existem tratamentos que podem diminuir os efeitos, porém, dificilmente haverá um tratamento pontual, são sempre explicitados paliativos que promoverão qualidade de vida e mais alguns anos, contudo, dificilmente haverá uma cura. Neste pulmão foi encontrado um estágio bem avançado, o que é incomum. Além destes vestígios, foram encontradas manchas escuras, uma espécie de líquido que impedia o funcionamento dos alvéolos, determinando assim o diagnóstico de fibrose pulmonar idiopática.

Continuava: - Levamos em consideração, devido a raça das pessoas africanas, a sarcoidose que, geralmente, acomete pessoas afrodescendentes, que possui em sua característica principal, as mesmas manchas de uma fibrose, porém ele está mais nas periferias dos pulmões. Considerando este formato, devemos nos preocupar, pois não é comum toda uma comunidade morrer, assim de forma súbita.

- Tivemos um caso semelhante a este na Sicília na Itália, onde os hóspedes de um hotel foram encontrados mortos. Todos tinham a mesma característica dos encontrados em Gazagazade, manchas nos pulmões. Naquela cidade o diagnóstico foi Fibrose pulmonar idiopática, para todos. Houve um sobrevivente. Este sobrevivente, por incrível que pareça, a fibrose desapareceu.

No auditório alguns ficavam espantados, enquanto a doutora Cleide apontava um mecanismo para a tela que pulava o vídeo para uma apresentação de slides para uma apresentação de um raio-X de tórax de uma pessoa normal, após, uma com um estágio avançado de uma fibrose, outro com um sarcoidose avançada e por último o raio-X do sobrevivente do resort na itália. Comparando um e outro, apresenta o resultado do último raio-X do senhor Giancarlo, que apresentava 90% de recuperação em seus alvéolos. Completando: - Este resultado é improvável, porém, é um fato. Como sabemos, o efeito fibrótico é irreversível, até onde sabemos, ou pelo menos, até agora.

Ela apresenta um slide partes do pulmão retirado para autópsia e aponta para os pontos azuis que estão em evidência, explicando: - Estes são os resultados da autópsia do pulmão, em primeiro momento, parece apenas um pulmão com fibrose, o que nos intrigou foram estes pigmentos escuros, dos quais foram levados ao laboratório e encontramos algo incomum. Este dado nos gerou um alerta.

- Percebemos que pode ser uma infecção mundial, contudo não temos todas as informações, porém, nos resultados dos exames celulares foram encontrados efeitos que ocorrem nos mares. Ricos em flavonóides, promovidos por falta de raios solares, que encontramos em peixes que vivem nas partes mais profundas do mar, as mesmas características encontradas na coloração das baleias orcas, focas e leões marinhos, que em seus músculos, têm coloração marrom, azul ou arroxeadas. O mesmo efeito das trocas gasosas no coração. Quando os humanos são acometidos da síndrome da criança azul. O líquido encontrado nos pulmões são as antocianinas, que é o responsável por dar coloração às frutas, sejam vermelhas, amarelas e azuis. O mais próximo aos resultados são efeitos da metemoglobinemia, que decorre principalmente da intoxicação por nitrato e que, mais raramente, pode ser congênita. Que no caso específico que apresentamos, não é o caso, porém possuíam a mesma causa que no caso da a Tetralogia de Fallot e outros defeitos cardíacos congênitos, que fazem com que o sangue, não oxigenado, passa diretamente do lado direito do coração para o lado esquerdo, resultando em cianose, promovendo, dificuldades respiratórias dos recém-natos, que podem resultar em cianose transitória que, embora seja um defeito cardíaco congênito raro, é a principal causa da síndrome do bebê azul. Podendo ser um efeito causado por flavonóides.

A doutora Cleide apresenta as mesmas partes apresentadas pelo doutor especialista na palestra na universidade da capital federativa do brasil, dizendo: - Este é parte de um artigo publicado no Brasil, por um conjunto de médicos da Onco-Hematologia Pediátrica, Irmandade da Santa Casa de Misericórdia e Cardiologia Pediátrica de São Paulo.

METEMOGLOBINEMIA CONGÊNITA ASSOCIADA A CIANOSE CENTRAL INSUSPEITA

Metemoglobinemia congênita pode ser herdada de forma autossômica recessiva:

1. deficiência enzimática de citocromo b5 redutase (cB5R) que converte a MTH para hemoglobina através da redução do Fe+3 em Fe+2 do heme – causa mais comum;

2. deficiência de citocromo b5 – rara; ou autossômica dominante – presença de Hemoglobina M, que estabiliza o ferro do radical heme no estado oxidado Fe+3. Manifestações clínicas estão relacionadas a diminuição da capacidade carreadora de oxigênio acarretando hipóxia tecidual. O quadro de cianose central, em geral, é o principal sinal e pode ser observado precocemente. Jovens e sem anemia geralmente são assintomáticos com níveis < 15% (VR < 1%). Valores de 20-30% causam sintomas como cefaleias, alteração do estado de consciência, tonturas ou síncope e > 50% podem ser fatais. O padrão ouro para o diagnóstico de MTH é a co-oximetria. O tratamento depende dos níveis de MTH e da sintomatologia apresentada. Nas *formas congênitas poderá apresentar grandes elevações do seu basal por infecções intercorrentes. Assim, o tratamento consiste na abordagem da situação desencadeante e administração de oxigênio suplementar. Na presença de sintomas moderados/graves deve considerar-se a utilização de azul de metileno, suporte transfusional*

Ela falando diretamente das mudanças celulares, comenta que podem ser transitórias ou definitivas. Ela apresenta uma explicação provável para o que ocorreu naquela aldeia da áfrica, comparando o que aconteceu na cidade de Camarões, próximo ao Lago Nyos em 1986 em morreram diversas pessoas e animais decorrente de gases saídos de um vulcão submerso, porém pode ser improvável ter se repetido, devido terem sido instalados diversos dispersores de gases em vários lagos daquela região.

Terminando sua palestra, abre para questionamentos, dos quais foram respondidas pelos legistas nas mesas e abrindo assim as discussões sobre as coisas encontradas naquela aldeia, apontando em pequenos momentos sobre o sobrevivente Giancarlo.

CAPÍTULO X

Na cidade de Derby Field em Nevada

Uma pessoa passeava na rua observando um aparelho eletrônico em suas mãos e de repente ele começa a apresentar um mau funcionamento e começa a chiar e a fumaçar, momento que joga-o no chão.

Um grande estrondo é ouvido como se uma onda vibrasse ao seu redor, promovendo uma distorção em seus olhos. Ele se ajoelha como se estivesse em uma crise e começa a tremer. O aparelho, jogado ao chão, como se estivesse em uma mini-explosão, saindo algumas faíscas, fogo e um som estridente de curto elétrico eletrônico. Ele ajoelhado tendo náuseas e tonto, levanta sua cabeça, porém não resiste e desmaia.

Os carros passando naquela região param de funcionar de repente, simplesmente pararam. A cena se repete em vários locais.

No interior da casa do senhor Freeman, ele com roupas de proteção em seu laboratório fica espantado pelo tamanho do efeito em seu reator, após tê-lo ligado. E um som estridente passa por seu ouvido, ele fecha bem os olhos pelo efeito sonoro, ao abrir percebe sua visão meio turva, demorando alguns segundos para recobrar a visão, porém não consegue esfregar seus olhos, devido estar de capacete e roupa contra radiação de cor metálica.

Os equipamentos eletrônicos de todo o campo pararam de funcionar, alguns deles faiscaram, outros fumaçaram.

A onda magnética gerou uma redoma invisível aos olhos, a qual se expandiu emitindo um som que desnorteavam as pessoas, abalando seu equilíbrio e deixando as pessoas com a visão turva por alguns segundos, demorando pouco tempo para recobrar a consciência e o equilíbrio.

No mesmo instante, houve uma saraivada de pássaros caindo, parecendo uma chuva. Alguns permaneciam imóveis, outros levantavam-se e retomavam voo. Na retomada dos voos, alguns batiam em árvores.

Esta grande onda se dispersou e o som ecoou por toda a cidade, alguns cachorros levantavam suas orelhas e as pessoas fechavam os olhos como se uma agulha tivesse atravessado seus ouvidos, levantando assim suas mãos e tapando-os.

Em alguns minutos as pessoas se questionavam: - O que está acontecendo? O que foi isso?

Em um dos cômodos da casa, Margareth, caía atordoada sem saber o que aconteceu. Ainda deitada, põe sua mão na cabeça e abre os olhos que tem uma imagem turva, ela força os olhos fechando-os tentando recobrar sua consciência e ver o que aconteceu.

Ao olhar para o lado, preocupada com seu filho. Com sua visão, começando a melhorar, percebe ele vindo em sua direção: - Mamãe, você está bem? Levanta Mamãe.

O senhor Freeman, após ter saído da sala protegida e tirando sua roupa de proteção, saiu pela casa procurando Margareth e ao longe a vê se levantando e pegando no colo Saros.

- O que aconteceu? O que foi isso?

- Você está bem?

- Sim estou?

- E o Saros? Está bem?

- Sim ele está!

Saros olha para o senhor Freeman e diz: - Oi Papai! Mamãe estava caída! Eu a salvei!

- O que aconteceu amor?

- Eu estava testando o reator, porém o produto químico que eu utilizei, gerou um campo magnético. Bem, eu acho que foi um campo? Não sei ao certo.

***

- Este equipamento dentro de nossa casa? E estes seus testes! Fazendo uma cara de reprovação.

- Não esqueça, nossa missão qual é!

- Eu não esqueci, mas estas experiências podem ser perigosas.

- Sabíamos dos riscos! E sim! Elas são perigosas.

- Me diga realmente o que é esta máquina?

- É uma máquina de tratamento de câncer. Uma máquina que emite raios gama. Máquina que destrói células mortas. Uma espécie de canhão de raios gama para tratamento de células doentes.

- Mas esta máquina já se mostrou perigosa. Veja o que você fez conosco.

O senhor Freeman abre a porta da frente de sua casa e tenta olhar o tamanho do campo que a onda se espalhou, com uma espécie de aparelho em suas mãos que media radiação. O equipamento estava em silêncio e não recebia nenhum sinal. Ao levantar sua cabeça, olhava para frente e para os lados e viu alguns veículos fumaçando e pessoas fora de seus carros e tentando entender o que havia acontecido, outras se levantando e olhando para os lados meio desnorteadas.

Ele vai até a esquina com seu equipamento apontando em várias direções, contudo continuava mudo. Ele observando as ruas percebeu vários pássaros caídos no chão, alguns se batiam, outros retomavam voo, outros caminhavam com dificuldade, mas retomando o voo logo em seguida.

Voltando ao seu laboratório, se senta e fica olhando a sua máquina e pensa: - O que será que aconteceu? Pelo visto gerou uma espécie de campo magnético. Pegando seu caderno e fazendo anotações.

***

Saros corria pela casa, como se nada tivesse acontecido.

- Meu filho, pare de correr, você pode se machucar. Dizia Margareth com seu filho.

- Não mamãe, sou feito de ferro. Levantando seus bracinhos e mostrando os músculos. E continua a correr.

Margareth, após se recuperar, troca de roupa e pega seu filho para um passeio.

Ao sair de casa, olha para a rua e vê que, tudo ainda está meio caótico, as pessoas andando meio desconfiadas e alguns mecânicos olhando os carros parados e ouve um mecânico: - Não sei dizer como isso aconteceu, mas sua bateria foi danificada e parte dos equipamentos elétricos de seu carro.

Outras pessoas olhando para seus celulares sem funcionar. E ela pensa: - O que será que o Freeman inventou, pois danificou todos os equipamentos eletrônicos nas proximidades. Acho que lá em casa, nada vai funcionar.

- Mamãe? Posso correr?

- Não meu filho, você pode se machucar!

- Não mamãe, eu sei correr.

- Deixa!

Ela segurando sua mão e caminhando pela calçada, olha para o horizonte e olha para os lados, para frente e para trás e não vê movimentos de carros. E diz: - Só um pouquinho.

Saros larga a mão de sua mãe e corre disparado, com muita velocidade. Ela pára e observa a criança correndo. Na esquina, ele ainda correndo, não olha para os lados e é atropelado por um ciclista, que é lançado bem a frente da bicicleta.

Soros cai e começa a chorar, caído em meio a bicicleta, como se estivesse amarrado. O ciclista levanta e corre para atender a criança: - Você está bem pequenino?

Ele pega a criança no colo e tenta acalentar para diminuir o choro e diz: - Rapazinho você deve olhar para os lados, me diz onde dói?

Com soluços: - Não dói, a minha mamãe me deixou eu correr e eu corri bem rápido.

- Mas você tem que ter cuidado e olhar para os lados. Não podemos correr assim sem atenção!

Ele esfregando os olhos: - Tá bom! Não vou esquecer de olhar para os lados.

Enquanto ele falava com o ciclista, Margareth ainda, ofegante, chegava perto: - Me desculpe! Ele pediu para correr! Eu tentei alcançar, mas não consegui! Me desculpe!

- Tudo bem senhora! Tenha mais atenção. Não deixe ele correr assim sozinho!

- Viu mamãe o tanto que eu corri!

- Sim meu filho eu vi!

O ciclista com a criança no colo, não parava de observar o quanto os olhos daquela criança eram azuis. Mas não fez comentários da cor da criança. Mesmo achando aquela cor estranha.

Continuou com a criança no colo enquanto falava com Margareth. Qual é o nome dele?

- Meu nome é Saros, meu pai me disse que meu nome é em homenagem ao eclipse lunar. No momento em que a lua entra na frente do sol e a lua fica negra. Interrompia a criança a fala dos dois.

- Tio! Você deixa eu correr? Porque minha mãe deixou! Você deixa, dando um abraço no ciclista.

Ele, meio intrigado, não sabe exatamente o que fazer. Pegava a criança e a colocava no chão.

Saros olhava para sua mãe, aguardando uma aprovação. Margareth, pega em sua mão: - Agora não, você vai correr outra hora, agora não, peça desculpas para o moço.

- Me desculpa! Falava meio desanimado. Mamãe, você deixa eu correr em outra hora? Eu gosto de correr.

- Está bem meu filho! Segurando sua mão e olhando para ele. Desviando o olhar para o ciclista questionou: - O senhor está bem?

- Sim estou, com alguns arranhões, mas vou sobreviver. Sugiro para a senhora levá-lo ao hospital, para ver se não quebrou nada.

- Vou sim! Levo ele sim. Muito obrigada e desculpe mais uma vez.

- Não se preocupe. E a propósito, meu nome é Alexander. Estendendo as mãos para Margareth.

- O meu é Margareth. É um prazer. E me desculpe, vou ter mais atenção da próxima vez.

- E cuidado Saros ou posso chamar de eclipse. Concluiu sorrindo.

- Não sou eclipse, sou Saros.

Com Saros no colo, ela fazia massagens por várias partes do corpo dele, procurando algo que possa ter quebrado e verificando as marcas de sangue. Ela olha bem para as feridas e percebe marcas meio azuladas e escuras. Não compreendendo exatamente o que eram.

Chegando em casa, chama Freeman, que estava em sua sala. Freeman, venha cá por favor.

Fechando seu livro de anotação, se levanta e vai caminhando em direção a sala da casa. Vê Margareth com Saros no colo e vê alguns machucados. - O que aconteceu?

- Ele pediu para correr e colidiu com uma bicicleta.

- Como?

- Eu vi a rua vazia e ele pediu para correr e eu deixei. Chegando no cruzamento ele não olhou para os lados e foi atropelado por um ciclista.

- Nossa! Não pode deixar ele correr assim, melhor levar para um lugar menos perigoso.

Freeman olhando para os machucados e olha para Margareth que aponta os olhos para os machucados.

- Meu heroizinho! Venha em meu colo e vamos cuidar desses machucados.

Saros estendendo os braços: - Sim! Eu sou Saros. E finge estar voando com os braços estendidos ao senhor Freeman.

Levando ele ao quarto da casa, pega uma maleta de primeiros socorros. Tira alguns algodões e uma pomada e vai passando lentamente nas feridas e percebe que no algodão, ficavam manchas azuis e vermelhas.

- Viu papai, eu sou feito de ferro. Eu estava correndo e bati na bicicleta. Mas eu não me machuquei. Eu sou de ferro.

- Estou vendo meu filho, estou vendo.

Ele faz um pequeno curativo nas feridas e colhe os algodões.

- Prontinho meu super-herói, você está pronto para outra.

Dispensa Saros, que levanta em um pulo e sai correndo pela casa novamente. Freeman, levanta e pega o sangue que estava nos algodões e vai em direção a seu laboratório. Coloca no microscópio que aparece em um monitor acoplado a ele. Percebe algo incomum. No sangue, meio azulado e preto. Preciso estudar mais sobre células. Agora não posso, pois preciso descobrir o que aconteceu com esta maldita máquina. Ao pensar nisso, algo o fez lembrar do corpo negro, se lembrando que é o único que reflete radiação, além de absorver reflte.

- Vou colher um pouco de sangue para encaminhar ao laboratório para saber a composição.

***

- Faça a autópsia, doutor! Uma voz robótica sai pelos alto falantes na sala de autópsia.

- Mas é uma criança?

- Como eu disse, doutor! O senhor foi contratado para fazer uma autópsia e não para fazer perguntas, falava o comandante no escritório subterrâneo em algum lugar na Flórida.

- Abrindo!

Falava o doutor em voz alta enquanto abria o corpo da criança.

- A cavidade torácica, aparentemente normal. Pele um pouco mais difícil de cortar, necessitando mais força. Deixando expostos os músculos, que possuem coloração meio arroxeadas e marrons.

Incrível, pois nunca tinha visto algo parecido? Não parece humano.

- Abrindo a cavidade. Os ossos parecem mais brancos do que o normal, possuindo pele arroxeada, mais parecendo cor azul-cobalto. Os ossos do tórax são mais brancos do que o normal. Abrindo a caixa.

- Já posso ver os pulmões. Tem coloração azul e meio avermelhadas. Tem aparência do processo de putrefação. Tem cor arroxeada e com um líquido meio azul com preto, bem conhecido com sangue pisado. Contudo não tem cor comum em relação a um ser humano. A cor dos pulmões são azuis, compatíveis com um edema, no entanto, só é parecido, não apresenta formato comum a um edema. Porém parecido.

Continua explicando: Coração, maior do que o normal, não tendo um formato comum aos humanos. Devemos abrir o coração para ter a certeza. Baço, normal. Pâncreas, normal. Estômago normal, Rins normal. Intestino normal. Fígado, Normal. Chegando até a coluna.

Ao observar os traços da coluna ele tem um espanto, verificando que a estrutura óssea é mais rígida do já visto em toda a sua experiência em autópsias.

Terminando de retirar todos os órgãos e observar a estrutura óssea ele resolve dissecar o coração, abrindo-o e percebe que ele tem três cavidades, ao invés de duas.

Ele aponta para o vidro que o separa dos espectadores. Falando em voz alta. Este coração tem três formas de bombeamento de sangue. Que não é comum, um deles recebe o venoso, que entra nos pulmões de forma normal, este outro, pelo visto, mistura o venoso como o intravenoso, sendo impossível, isso acontecer. Mas como podem ver, existe uma anomalia. Devemos fazer um estudo genético para ter a certeza se é natural ou sobrenatural, esta anomalia no coração pode ser a causa de sua coloração azul-cobalto, cinzento, a mesma cor de peixes de água salgada, baleias, focas, rinocerontes, hipopótamos, jacarés. O que é improvável.

- Pelo que pude entender, este coração faz as ações de nosso corpo de forma invertida. O que é improvável. Pois, em uma suposição, ele respira gás carbônico e expeli o oxigênio. O que é improvável. O que quebra toda a lógica da vida. Geralmente, respiramos oxigênio e expelimos gás carbônico, pelo visto aqui acontece ao inverso.

- Já tem os resultados das células? Questionava o comandante.

- Sim temos! Afirmava o doutor ao seu lado, atrás da parede de vidro.

- Estamos diante de uma mutação celular. Tem uma pequena alteração do DNA. Podemos dizer que a humanidade está passando por um processo de mutação.

- Mas como?

- Não sabemos as causas.

- Descubra! O comandante pegando sua cobertura e se levantando da sala.

***

O comandante na sede das Forças Independentes da Flórida, pede para ligar ao presidente da Flórida.

- Olá presidente!

- Olá comandante Ethan!

- Precisamos conversar.

- Estarei indo ao seu gabinete para conversarmos.

- É importante?

- Sim! Muito importante!

- Certo! Quando virá?

- Estou saindo do meu gabinete.

- Vou te esperar, tenho umas duas reuniões. Caso chegue e eu não estiver, me aguarde.

Após algumas longas horas, o presidente do Estado Independente da Flórida cumprimentou o comandante Ethan.

- Senhor Presidente!

- Comandante!

- Estamos diante de um problema mundial!

- Como assim, mundial!

- Encontramos uma criança antes na Suécia. Foi encontrado por uma das tropas aliadas do Brasil. Foi localizada pelo sargento Alan do Brasil. Ele está servindo conosco.

- Mas o que você quer dizer com um problema mundial?

- Como eu ia dizendo! Encontramos uma criança na cor Azul-cobalto, quase da mesma cor de uma baleia.

- Sim! Continue!

- Esta criança respira gás carbônico e expira o oxigênio!

- Você não quer dizer ao contrário? Porque respiramos oxigênio e expelimos gás carbônico. O que você está me dizendo é uma loucura. A não ser que você tenha errado a expressão?

- Não senhor! O senhor não ouviu errado! Ela respira gás carbônico.

- Como assim?

- Veja este vídeo! Dando para ele um pendrive para ser passado na tela que havia na sala.

O presidente espetando o pendrive na TV aponta o controle remoto e escolhe o arquivo. E passa na TV o início de uma apresentação da autópsia.

- Como o senhor pode ver! Este é o noturno.

- Ele é um alienígena?

- Não senhor! Alienígenas não existem! É um humano.

- Não sabemos as causas ainda, mas estamos investigando. Contudo, diante de toda a investigação é humano. Tem esta mutação genética, mas é humano.

- E o que difere ele de nós?

- Ele tem o seu sistema ósseo mais duro do que o nosso, sua pele resiste aos raios sol, seus pulmões são maiores e tem alta resistência a água, são maiores. Podem ficar debaixo d'água mais tempo do que nós. E tem um coração com três cavidades. Dos quais, ele respira gás carbônico, seu sangue tem uma mistura entre o vermelho e azul. O coração dele faz uma mistura, entre o venoso e o intravenoso. Como sabe, o sangue azul são aqueles que temos em nosso organismo, mas não vemos.

- Sangue azul? Onde você viu isso? Nosso sangue é vermelho!

- Não quero ser rude, senhor Presidente. Mas, temos sangue azul, o sangue azul é o intravenoso, é aquele que sai transformado em oxigênio, quando existe a troca gasosa em nosso organismo. As hemoglobinas se transformam em mioglobinas, que são apenas células sem oxigênio, ou seja, em nosso corpo as células sem oxigênio dão uma coloração arroxeada, pela falta de oxigênio. Nos animais do mar isso também ocorre, porém a forma dos peixes respirarem são diferentes das nossas e transformam o oxigênio das águas também em gás carbônico.

- E o que poderemos fazer?

- Ainda não sabemos senhor Presidente! Achei importante que o senhor saiba.

- Fez bem, mas precisamos de mais estudos para saber o que está acontecendo,

- Sim senhor! Mas sabe que precisaremos de orçamento.

- Não sei como fazer! Vou ter que conversar com outros países, para podermos conseguir recursos.

- Entendo senhor Presidente.

- Já financiamos algumas entidades, mas não foi o suficiente.

- Eu entendo! Mas, eu vou fazer uma reunião com outros presidentes. Marcarei um encontro, para que possamos unir esforços para podermos unir as nações, pois já estamos em guerra há muito tempo. Será que esta mutação está relacionada com as bombas nucleares?

- Ainda não sei dizer senhor!

- Descubra!

- Sim senhor!

- E este tal de sargento Alan! Onde ele está?

- Convidamos ele para vir para cá! Ele já está trabalhando aqui na sede.

- Ele sabe do garoto?

- Ainda não sabe tudo. Sabe que está aqui no estado, porém, não sabe dos outros que foram encontrados na África.

- África? Como assim na África.

- Senhor Presidente! Encontramos na África mais 07 destas crianças, temos um total de oito exemplares, na verdade sete. Uma delas chegou aqui morta, que é esta do vídeo.

- Entendi. Mas, qual o incidente que houve na África?

- Todos de uma aldeia foram encontrados mortos, todos ao mesmo tempo. Pelo que os legistas encontraram foram contaminados por uma espécie de gás. Não sabem ao certo, ainda sem explicação, nossa equipe encontrou um acidente similar na Itália, na Sicília. Com as mesmas características.

- E estas seis crianças?

O comandante Ethan pega o controle das mãos do presidente: - Posso? Apontando para a TV, busca as pastas, imagem e seleciona um conjunto de fotos. Esta é a criança, conhecida como noturno. O nome do maior é o Victor. O que foi encontrado na guerra, pelo sargento Alan das forças aliadas do Brasil.

- Victor tem se mostrado muito eficiente, está agora com três anos. Corre bem, tem força, melhor do que uma criança normal, tem maior estatura, porém tem dificuldades de respiração, as outras também sofrem com a dificuldade de respiração, no entanto, esta deficiência não os impede de viverem melhor do que uma criança normal. Uma alteração genética quase perfeita.

- O senhor sabe dizer que existem mais espalhadas pelo mundo?

- Não sabemos! Detectamos apenas, estes na África, na cidade de Camarões e essa na Suécia. Porém não detectamos nenhuma em nenhum outro país, por enquanto. Mas, como eu disse, precisamos de orçamento para continuar as buscas. Como sabemos os cadastros mundiais não estão completos, existem países que não aceitaram o cadastro geral mundial.

- Como sabe comandante, não temos mais um grande orçamento, após a ruína dos Estados Unidos, após a reeleição de John Biden, a federação não aceitou e com isso o país entrou em colapso. Não somos mais como antigamente. Temos diversas dificuldades, porém, vou falar com os países vizinhos para ver se consigo orçamentos, vou entrar em contato com o primeiro-ministro da Itália e ver se ele aceita uma colaboração.

- Sim! Senhor Presidente! Autorização para me retirar.

- Tem!

Antes do comandante sair, o Presidente diz: - Ethan! Coloque o sargento Alan, na missão, pois ele merece, pelo fato de ter encontrado a criança. Como é mesmo o nome dela?

- Victor senhor! Victor.

- Ok! Ethan, deixe o sargento Alan trabalhar com a equipe e deixe-o conhecer o Victor.

- Sim senhor! Farei. Fechando a porta e se retirando da sala do Presidente.

CAPÍTULO XI

Nas proximidades do aeroporto de La Palma, um avião taxiava e com uma criança olhando pelas janelas observava a água da praia se retraindo de forma muito rápida, olha para sua mãe e puxa a sua camisa: - Mamãe, olha!

Sua mãe olha pela janela e fica superespantada e se levanta como se quisesse ver de mais perto, se aproxima da janela e fala de forma atônita: - Meu Deus!

Outros passageiros olham para as janelas e uma grita desesperadamente: - TSUNAMI.

As pessoas começam a gritar: TSUNAMI! TSUNAMI! TSUNAMI!

O piloto olha para o lado e observa a terra ficando desnuda de forma bem rigorosa. Durante o taxiamento ele ouve no rádio: - Atenção voo 5537, retomar o voo, devido ao início de provável tsunami.

Impossível, torre, não temos combustível suficiente para retomar o voo, havendo necessidade de abastecimento.

Enquanto eles conversavam pelo rádio é possível ouvir o som ensurdecedor da sirene de alerta tsunami.

As aeromoças corriam pelos corredores e tentavam acalmar os passageiros: - Calma! Calma! Ficaremos bem, apertem os cintos. Com lágrimas nos olhos, não conseguindo segurar. Outras aeromoças sentadas e chorando compulsivamente não conseguia esconder seu medo.

O terremoto tomou toda a ilha e todas as praias da ilha deixaram expostos quilômetros de suas praias. Diversos banhistas correm desesperadamente para seus carros nos estacionamentos, distante das praias.

No farol de Puerto Talavera, um fotógrafo, ao tentar enquadrar uma imagem, tira seus olhos da câmera e olha o mar recuando de uma forma inacreditável, deixando desnuda todas as pedras que faziam margem ao farol.

Ao ouvir a sirene de tsunami ele calcula: - Será impossível fugir do tamanho da onda que virá. E começa a registrar tudo com sua câmera, tirando fotos de forma frenética, melhorava o foco e registrava cada momento, até os voos dos pássaros que fugiam aos bandos.

De longe foi vista a grande explosão do vulcão, sua proporção foi tamanha, que pode ser visto pelas outras ilhas. Deixando o céu totalmente vermelho e cinza. Chegando a abrir as nuvens que cobriam a ilha.

Em minutos, uma grande onda se formou indo em direção às praias do Saara ocidental.

Na ilha, o desespero das pessoas era muito grande, pessoas correndo em várias direções, pegando seus carros, outros abraçando fortemente seus filhos, maridos abraçando as esposas. Pessoas que bebiam em um bar, diante do terremoto, seguravam suas garrafas e olhavam desolados uns aos outros.

O avião terminando de taxiar, para atracar em sua baia para o desembarque, após desligar as turbinas é engolido por uma enorme cratera que abriu toda a pista de voo, engoliu o avião e todo o aeroporto, vindo a romper todo o lado da ilha.

Nas proximidades, a ilha de Tenerife desapareceu engolida pela água. Seguindo as mesmas proporções a ilha de La Gomera, desaparecia, sendo engolida vagarosamente pelo mar, como se sua estrutura tivesse rachado e quebrado, perdendo sua estrutura e desaparecendo.

A grande explosão do vulcão rompeu toda a cidade e as pessoas atônitas observavam a enorme concha cinza de fumaça e o som da morte.

Entre as ruas, várias crateras de lava se abriam, engolindo ruas, casas, carros, crateras misturadas com fogo e lava. Em outros pontos as rachaduras da terra jorravam correntezas enormes de água e o som ensurdecedor de chiados de fogo e água.

Lojas explodindo e bombas de lava espirrando em vários locais. Pessoas gritavam, corriam e clamavam a Deus, outras apenas ajoelhadas nas ruas faziam suas orações pedindo perdão pelos pecados.

Em uma casa, a família segurando as mãos uma das outras em volta de uma mesa, aguardavam a lava saindo de vários cantos da rua e tendo o chão rachando e água misturada com fogo tomava a casa e engolia a todos.

O tsunami, vem com uma onda quilométrica impossível de ser medida engole o vulcão e toda a ilha fazendo-a desaparecer, porém mesmo com uma onda tão gigante, o vulcão de forma implacável, fervia e o gás fazia com que a água fosse apenas um balde com água jogada em uma fogueira. Todo o conjunto de ilhas desaparecem como mágica.

O estreito de Gibraltar desceu seu nível em proporções nunca vistas. O alvoroço foi enorme, várias pessoas correndo desesperadas. Em minutos as águas subiram de forma descomunal subindo e engolindo todas as plataformas limpando, toda a sua extensão, engolindo parte de Sevilha e Marrocos, causando gigantescas ondas, promovendo inundações em todo o estreito, abalando a Tunísia, Itália, Grécia, Turquia, Líbia, Egito. Todas foram inundadas por grandes ondas. Uma catástrofe nunca vista em toda a história da humanidade.

Com a explosão do grande vulcão, o abalo fez com que as placas tectônicas árabes começassem a ruir todo aquele país, forçando a divisão da rachadura africana.

No mesmo instante a placa tectônica Scotia localizada na Antártida se desprendeu, separando-se totalmente uma montanha enorme de gelo, os gases vulcânicos fizeram grandes ondas. Criando uma mistura enorme de água, gelo, lava e fogo.

A grande ilha de gelo, se desprendeu e começa a navegar mediante as grandes ondas que se formaram e começaram a boiar no mar e parte do gelo começa a descongelar, aumentando a quantidade de água no oceano atlântico, no qual as praias da américa latina começaram a subir repentinamente.

As ilhas Malvinas ficaram submersas e o arquipélago de Tierra del Fuego, metade de suas terras ficaram submersas com devastando metade das moradias daquela região.

No Mar Del Plata na Argentina vários peixes ficaram atolados em suas praias devido às águas terem subido bastante deixando rastro com vários peixes de porte grandes espalhados na cidade quando as águas começaram a baixar.

Em um dos sistemas que avaliam os movimentos das placas tectônicas são detectados vários locais que serão afetados pelo movimento das placas tectônicas e um dos seus analistas: - Meu Deus! Olha o tamanho deste movimento das placas tectônicas quentes! Irá devastar todo o lado norte da áfrica, como é um movimento de toda aquela região. Todo o mar mediterrâneo será afetado.

- Ligue urgente para os presidentes!

- Impossível! Já está acontecendo.

- Não conseguimos prever o tamanho desta catástrofe?

- Como?

- Com guerras, falta de orçamento, presidentes lutando para serem donos de tudo e todos?

- O que fazer?

- Assistir! Dando de ombros.

- Mas, vou informar.

- Você pode até ligar, mas não vai adiantar muito.

- Olhe no monitor o movimento das placas. Apontando para a tela do computador que mostrava o ajuste das placas tectônicas quentes localizadas abaixo do mar mediterrâneo.

- Pelo que está acontecendo, algumas ilhas se desprenderam promovendo uma separação de países, provavelmente o estreito do mar vermelho será aberto. Tente ligar para a estação do Egito para que possamos saber se tem um abalo sísmico naquela região.

A maioria das estações sismológicas na América do Sul detectaram uma mudança nas fossas oceânicas.

Nicarágua, Guatemala, Sevilha e Chile deram a impressão de terem ensaiado para promoverem o som de suas sirenes de alerta de terremoto. Todas tocaram suas sirenes no mesmo instante. Celulares começaram a tocar em todos os escritórios de estudos sismológicos.

Em algum lugar no Japão: - Atenção! O círculo de fogo acordou.

- Sim senhor! Estou acionando o alerta. Disparando assim a sirene de alerta do terremoto.

- Avise ao presidente, para sair do país, pois se o vulcão submerso acordar, seremos extintos.

Nas Filipinas o alerta de terremoto soava de forma estridente e no telefone, o chefe da estação de estudos sismológicos recebia a ligação e ficava espantado com a informação: - O círculo de fogo acordou.

CAPÍTULO XII

Após a grande catástrofe de proporções mundiais o estreito de Gibraltar aumentou em quilômetros a sua extensão.

Sicília se tornou uma pequena ilha, Palma desapareceu, Ibiza, Sardegna também desapareceram, Grécia, Esmirna, Atenas, Istambul, Bursa, Istambul, todas elas o mar negro agora estava acessível, pois estes países tiveram parte de suas terras submersas. Todas elas ficaram com apenas partes abertas, o restante ficou submersas.

Alexandria, Cairo, Jerusalém, Israel, o Golfo de Suez, o Mar Vermelho, Eritreia, Djibouti, Iêmen, todos ficaram submersos.

O Iraque agora possui uma enorme praia. Após a grande movimentação das fossas marítimas, deixou toda a Arábia Saudita debaixo do mar, o Golfo Pérsico não existe mais. O Golfo de Omã possui agora um conjunto de ilhas. O continente africado ficando deslocado e afastado de todos os seus continentes e a rachadura africana possui um grande rio que passava inicia na metade do Egito, cortando o Sudão, Sudão do Sul, Etiópia, Quênia, Tanzânia, Malawi, Rachando Moçambique ao meio. A Etiópia agora tem uma grande praia e a Somália desapareceu do mapa, tornando-se mais uma cidade submersa.

A Itália teve parte de seu formato submerso e a Sicília é apenas uma pequena ilha.

O complexo de ilhas da Oceania teve algumas de suas ilhas submersas e a Austrália uma boa redução de suas terras, pois uma grande parte de seu território ficou submerso.

Nova Zelândia não existe mais.
Tóquio desapareceu.
O mapa mundial mudou drasticamente.

Continua...

www.ingramcontent.com/pod-product-compliance
Ingram Content Group UK Ltd.
Pitfield, Milton Keynes, MK11 3LW, UK
UKHW021956190726
13853UKWH00004B/1568